本书获自治区级协同创新中心——陆海经济一体化协同创新中心、广西高等学校高水平创新团队及卓越学者计划、广西一流学科（培育）——应用经济学的资助

本书受广西财经学院博士科研启动基金项目“产业协同集聚、空间结构与绿色创新”（编号：BS201968）、广西财经学院陆海经济一体化协同创新中心项目“西部陆海新通道产业协同集聚与绿色创新发展研究”（编号：2019YB10）、广西财经学院经济与贸易学院项目“高铁建设与绿色创新发展研究”、广西财经学院经济与贸易学院学科项目“城市集群影响城市生态效率的机理与实证研究”的资助

镜湖文库

JINGHU LIBRARY

城市集群影响城市生态效率的机理与实证研究

黄跃 著

·北京·

图书在版编目（CIP）数据

城市集群影响城市生态效率的机理与实证研究／黄跃著．--北京：中国经济出版社，2020.8

（广西财经学院镜湖文库）

ISBN 978-7-5136-2104-5

Ⅰ.①城… Ⅱ.①黄… Ⅲ.①城市群-影响-城市环境-生态环境-研究-中国 Ⅳ.①X321.2

中国版本图书馆 CIP 数据核字（2019）第 295483 号

责任编辑　闫明明
责任印制　巢新强
封面设计　赵　飞

出版发行　中国经济出版社
印 刷 者　北京九州迅驰传媒文化有限公司
经 销 者　各地新华书店
开　　本　710mm×1000mm　1/16
印　　张　13
字　　数　186 千字
版　　次　2020 年 8 月第 1 版
印　　次　2020 年 8 月第 1 次
定　　价　88.00 元
广告经营许可证　京西工商广字第 8179 号

中国经济出版社 **网址** www.economyph.com **社址** 北京市东城区安定门外大街 58 号 **邮编** 100011
本版图书如存在印装质量问题，请与本社销售中心联系调换（联系电话：010-57512564）

前　言

当前，从动态演进来看，城市的集群化发展已成为城市发展的重要趋势。从客观结果来看，集群化发展所形成的城市集群已成为新的经济增长极，并由此引致了一系列城市集群发展规划的加速出台。与此同时，多年的超高速和粗放式发展带来了巨大的资源环境压力，使得新常态下中国绿色发展日益重要。那么，两条发展道路之间是否存在某种关系、城市集群建设与实现绿色发展的预期目标又能否兼得值得探讨。

近年来，学者们针对城市集群建设及其绿色发展问题进行了不断探索，由此衍生形成的城市集群生态效率的考察也逐渐增多，相关研究为中国经济转型推进提供了丰富的理论与实践指导，也为本书的研究开展提供了有益的借鉴，但仍存改进空间。其一，已有研究并未直接考察城市集群对城市生态效率的影响。其二，已有文献尚未对城市集群影响城市生态效率的作用机制进行系统梳理与总结，相关实证同样缺乏。其三，已有研究对于典型城市集群地区生态效率与非典型地区生态效率的空间差异与空间效应关注不足。为弥补上述不足，需要我们回答如下问题：中国城市集群发展现状如何，城市集群化趋势是否得到增强？城市生态效率现状如何，是否改善？城市集群是否对城市生态效率存在影响？如果有影响，影响是否存在异质性？作用机制有哪些，又如何表现？是否存在一个新的视角，可以探讨典型城市集群生态效率的空间效应？

基于以上考虑，本书依据“发现问题—分析问题—解决问题”的逻辑主线，重点探讨并得出如下主要结论。

第一，本书在界定城市集群与城市生态效率内涵的基础上，从动态视角引出了城市集群的内涵。继而从市场整合、产业结构转型和要素集聚三个维度阐述城市集群影响城市生态效率的作用机制，并提出城市集群可以通过提升市场整合、驱动产业结构转型、调节要素集聚等路径影响城市生态效率的主要待检验结论和全书理论基础。

第二，引入城市集群程度与城市生态效率测算方法，考察中国城市集群发展与生态效率时序演变状况。主要结论如下：中国城市集群程度逐渐增加，城市集群发展不断推进；城市集群程度呈现由北到南、由西到东双向递增的空间态势，且存在空间不均衡。中国城市生态效率总体改善，不同层级的生态效率均呈上升趋势；在空间分布上，东部城市略高于中西部城市，且空间集聚趋势有所加强。

在此基础上通过构建面板数据模型，实证考察了城市集群对城市生态效率的影响。主要结论如下：中国城市集群发展对城市生态效率产生正向促进作用，集群程度的提升成为生态效率改善的有效驱动力。总的来看，集群程度每提高 1 个百分点，生态效率增长 0.24 ~ 0.26 个百分点；分时段研究表明，随着中国城市集群建设加快，集群程度的提升对生态效率的正向边际效应有所增强。分样本研究证实，城市集群发展对于城市生态效率的影响存在异质性。考察东中西分样本可知：东中西城市集群程度的提升均有利于城市生态效率的改善。随着时间的推移，东部城市集群发展对城市生态效率的正向边际效应有所降低；中西部城市集群发展对城市生态效率的正向作用逐渐显现；考察核心—边缘分样本可知：城市集群程度的提升有利于核心与边缘城市生态效率的改善，但存在差异，核心城市集群程度提升对生态效率变化的正效应及其变动强于边缘城市。

第三，通过构建中介效应与调节效应模型，实证探讨了城市集群影响城市生态效率的作用机制，对前文机理分析进行了实证检验和较为详细的讨论。主要结论如下：

一是在估算城市市场整合数据的基础上，结合实证表明：从整体看，城市集群发展存在市场整合提升效应，可以通过推动市场整合这一路径提升城市生态效率。分样本研究表明：在城市集群发展过程中，与东部城市相比，中西部城市对于弱化地方保护、推动市场整合相对不敏感；核心城市的市场整合反应系数显著优于边缘城市；跨省城市群的市场整合效应弱于省内城市群。

二是在估算产业结构合理化与高度化两个能够表征产业结构转型数据的基础上，结合实证表明：从整体看，城市集群发展存在产业结构转型驱动效应，能够通过影响产业结构转型进而作用于生态效率。分样本研究表明：不同地区城市集群程度通过影响产业结构合理化与高度化进而影响生态效率的作用路径存在异质性，且存在经济逻辑的差异化。对东部城市而言，城市集群发展对产业结构合理化与高度化产生正向促进作用，且后两者均与生态效率正相关；对中西部城市而言，城市集群发展对产业结构合理化产生负向影响，且后者与生态效率负相关；对中部城市而言，城市集群发展对产业结构高度化产生正向影响，且后者与生态效率正相关，但西部城市产业结构高度化路径并不稳定。

三是在估算中国城市人口集聚与产业集聚的基础上，结合实证表明：从整体看，城市集群发展存在要素集聚调节效应，有利于城市生态效率的改善，且随着城市集群程度的提升，调节效应有所增强。分样本研究表明，要素集聚调节效应存在异质性。调节作用在高密度城市和东部城市较为显著，在中低密度城市以及中西部城市尚不明显，这不利于释放城市集群发展在城市生态效率提升过程中的要素集聚调节效应。与产业集聚相比，以人口为集聚变量时，城市集群发展的调节效应相对较弱。

第四，引入长江经济带这一热点区域，通过构建空间杜宾面板模型考察了生态效率的空间效应。主要结论如下：从整体看，典型城市集群生态效率高于非典型城市集群，典型城市集群地区的高值生态效率存在空间效应。分样本研究表明，不同样本均存在高值生态效率对低值生态效率的空间效应。长三角城市集群以正向空间效应为主；长江中游城市集群从负向空间效应向正向空间效应转变，但正向空间效应尚不明显；成渝城市集群存在负向空间效应。发育程度较好的城市集群其生态效率的空间效应较为显著，且近年来逐渐表现为空间正向溢出的态势。上升期的城市集群生态效率空间效应的作用方向相对不稳定，表现出正、负向效应共存。

最后，结合研究结论，本书从持续推进城市集群建设，构建合理的城市群体系；强化作用路径，打造城市集群生态效率增长效应释放的有利条件；重视空间效应，构建生态效率协同提升格局等方面提出了优化城市集群发展从而提升中国城市生态效率、推进中国绿色发展的政策建议。

关键词：城市集群；市场整合；结构转型；要素集聚；空间效应；生态效率

Abstract

Presently, from the perspective of dynamic evolution, the city – clustering has become an important trend of urban development. From the objective results, some urban clusters formed by city – clustering have become the new economic growth pole, which has led to the accelerated introduction of a series of urban cluster development plans. In the meantime, the ultra – high – speed and extensive development has brought tremendous pressure on resources and environment, making China's green development increasingly important under the new normal. Then, is there a relationship between the two development paths worth exploring? Can the urban cluster construction and the expected goal of achieving green development coexist?

Scholars have continuously explored the urban cluster construction and the paperson the eco – efficiency of urban clusters have gradually increased, which has provided rich theoretical and practical guidance for China's economic transformation as well as useful reference for our thesis. But something gap in extant papers need to be fufilled. First, existing research has not examined the impact of urban clusters on urban eco – efficiency. Second, the literature has not systematically combed and summarized the mechanism of urban clusters affecting urban eco – efficiency, and the relevant evidence is also missing. Third, studies have not paid enough attention to the spatial difference and spatial effects of eco – efficiency between typical urban clusters and non – typical ones. To fill the gap, we need to answer the following questions in turn: What is the current status of urban cluster development in China? What is the current state of urban eco – efficiency and is it improved? Do urban clusters have an impact on urban eco – efficiency?

If impact exsits, is there any heterogeneity? If impact exsits, what about the mechanisms? Is there a new perspective to explore the spatial effects of the eco – efficiency in terms of typical urban clusters?

Based on such considerations, this paper focuses on the following logic: "Discovering the problem—analysing the problem—solving the problem" and obtains some following findings.

Firstly, we employ urban clustering degree and eco – efficiency measurement to investigate the evolution of urban cluster and eco – efficiency. The main conclusions are as follows: the urban clustering degree in China is gradually increasing. And it presents a spatial trend characterized by increasing in two ways, i. e. , north to south and west to east, which shows spatial imbalance. The urban eco – efficiency has improved, and eco – efficiency of different levels has shown an upward trend. In terms of spatial distribution, the eastern cities are slightly higher than the central and western cities, and the trend of spatial agglomeration has been strengthened.

Secondly, we build panel data models to examine the impact of urban clusters on urban eco – efficiency. The main conclusions are as follows: The development of urban clusters has positively promoted urban eco – efficiency. In general, for every 1% increase in clustering degree, the eco – efficiency will increase by 0. 24% ~0. 26% ; the time – separated research shows that with the acceleration of China's urban clusters construction, the positive marginal effect of clustering degree on eco – efficiency is enhanced. The sub – sample studies confirm that the impact of urban clusters on urban eco – efficiency is heterogeneous. Taking the east, central and west cities as sample, we know that the improvement of the urban clustering degree in the east, central and west is conducive to the urban eco – efficiency. Over time, the positive marginal effect of urban clusters on urban eco – efficiency has been reduced slightly in east cities; the positive effect of urban clusters on urban eco – efficiency has gradually emerged in central and west cities; similarly, the core - periphery subsample can be concluded: the improved clustering degree benefits the eco - efficiency of the core and peripheral cities, but with differences. The positive effects of the core cities in urban clusters on the eco - efficiency are stronger than those in the peripheral cities.

Thirdly, through theoretical analysis, mediating effect model and moderating effect model, we explore the mechanisms of urban clusters affecting urban eco - efficiency. We argue that urban cluster can enhance the urban eco - efficiency through the following three paths, i. e. , structural transformation, market integration and factor agglomeration mediation. The main conclusions are as follows:

(1) We first estimate the urban market integration and then with the empirical evidence, we have the following conslusions. From the overall perspective, the urban clusters have the promotion effect of market integration, which could benefit the eco - efficiency. Sub - sample research shows that in the process of urban cluster development, the central and western cities are relatively insensitive to weakening local protection and promoting market integration compared with eastern cities; the market integration response coefficient of core cities is significantly better than that of marginal cities; the market integration effect of inter - provincial urban clusters is weaker than that of urban clusters placed in one province.

(2) We first estimate the rationalization and supererogation of industrial structure, which can represent the transformation of industrial structure, and then with empirical evidence, we have the following conslusions. From the overall perspective, the urban clusters can drivethe industrial structure transformation, which has positive influence on the urban eco - efficiency. Sub - sample research shows that the driving effect in different regions is heterogeneous, and also represents difference in economic logic. For the eastern cities, the cluster development positivelyaffects the rationalization and supererogation of the industrial structure, and the latter two are positively related to the eco - efficiency; for the central and

western cities, the clusters negatively affects the rationalization of the industrial structure, and the latter is negatively correlated with eco - efficiency; for central cities, its cluster development positivelyaffects the industrial structure, and the latter is positively related to eco - efficiency, while the path of industrial structure supererogation in western is unstable.

(3) We first estimate the industrial agglomeration and population agglomeration of cities, and then with the empirical evidence, we have the following conslusions. From the overall perspective, the urban clusters has moderating effect of factor agglomeration, which is conducive to the urban eco - efficiency, and with the increase of urban clustering degree, the moderating effect has been enhanced gradually. Sub - sample studies show the factor agglomeration moderating effect is heterogeneous, which is more significant in high - density and eastern cities, while not obvious low - and medium - density cities and the central and western cities. This can not benefit the release of the complementary effects of urban factor agglomeration and urban clusters when improving the urban eco - efficiency. Compared with industrial agglomeration, the moderating effect is relatively weak when population is agglomerated.

Fourthly, we employ the hot zone Yangtze River Economic Belt and use the spatial Dubin panel model to explore the spatial effect of eco - efficiency. The main conclusions are as follows: From the overall perspective, the eco - efficiency of typical urban clusters is higher than that of non - typical urban clusters, and former one has spatial effects. Sub - sample studiesshow that: there are spatial effects of high - value eco - efficiency on low - value eco - efficiency in different samples. The Yangtze River Delta urban cluster is dominated by positive spatial spillover (diffusion effect); the Yangtze River middle reaches urban cluster has the negative effect (siphon effect), which then change to aweak positive effect (diffusion effect); The Chengyu urban cluster has the negative effect (siphon effect). Additionally, the spatial effects of eco - efficiency of urban clusters with better development level are more significant, which has represented positive space spillover. However, the spatial effects in terms of the urban cluster that characterized with rising period is unstable, showing the coexistence of positive and negative spatial effects.

Finally, based on the conclusions, several policies are proposed to optimize the urban clusters to drive the urban eco – efficiency and green development in China. Recommendations are shown below: to continuously promote urban cluster and build a complete urban cluster system; to enhance favorable conditions for strengthening the mechanismsof eco – efficiency growth effect; to take spatial effects seriously, and build a synergistic improvement pattern of eco – efficiency.

Keywords: urban cluster; market integration; structural transformation; factor agglomeration; spatial effect; eco – efficiency

目　录

图目录

表目录

第1章　绪　论

1.1　研究背景与意义

1.1.1　研究背景

1.1.1.1　城市集群建设快速扩张

城市集群发展道路的出现有效整合了20世纪90年代以来中国存在的大小城市化道路之争，它既吸收了“集约型”城市化的高效率特征，又兼顾了中小城市发展，对中国经济发展具有重大意义（周牧之，2004）[①]。在中国大力推进城镇化的背景下，城市集群将成为21世纪中国经济发展的重要增长极，培育与发展城市集群、创建具有竞争力的城市集群及城市集群体系成为中国政府的强力之举。在各级政府部门的大力推动下，《国家新型城镇化规划（2014—2020年）》和一系列城市群发展规划的密集出台，凸显了城市集群建设的重大战略地位。表1-1概要梳理了当前中国政府发布的城市群发展规划状况，由表1-1分析可知，随着时间演进，越来越多的城市群规划得到中央政府的批复，中国城市群建设顶层设计日益完善；与此同时，不同城市群发展定位日渐清晰，国家级、区域性和地区性三大维度城市群共同构成了功能定位各异、空间辐射多层叠加的中国城市群体系的基本框架。总的来看，经过多年的发展，中国城市集群发展规划及其

① 周牧之．鼎——托起中国的大城市群[M]．北京：世界知识出版社，2004.

道路设计初具“异质性区位覆盖、多元化发展定位”的特征[①]。

表1－1　城市群名单及发展规划文件概览

城市群	发展定位	相关文件
长三角	国家级	《长三角城市群发展规划》（2016年，国家发展改革委）
珠三角		《珠江三角洲地区改革发展规划纲要》（2008年，国家发展改革委）
京津冀		《京津冀协同发展规划纲要》（2015年，中共中央政治局会议）
成渝		《成渝城市群发展规划》（2016年，国家发展改革委）
长江中游		《长江中游城市群发展规划》（2015年，国家发展改革委）
辽中南	区域性	《国家新型城镇化规划（2014—2020）》（2014年，国务院）
哈长		《哈长城市群发展规划》（2016年，国家发展改革委）
江淮		《皖江城市带承接产业转移示范区规划》（2010年，国务院）
海峡西岸		《海峡西岸城市群发展规划》（2010年，国家住房和城乡建设部）
山东半岛		《山东半岛城市群发展规划（2016—2030）》（2017年，山东省政府）
中原		《中原城市群发展规划》（2016年，国家发展改革委）
北部湾	地区性	《北部湾城市群发展规划》（2017年，国家发展改革委）
天山北坡		《天山北坡经济带发展规划》（2012年，国务院）
关中		《关中城市群发展规划》（2018年，国家发展改革委）
黔中		《黔中城市群发展规划》（2017年，国家发展改革委）
滇中		《滇中城市群规划》（2011年，云南省政府）
兰西		《兰西城市群发展规划》（2018年，国家发展改革委）
宁夏沿黄		《国家新型城镇化规划（2014—2020）》（2014年，国务院）
晋中		《国家新型城镇化规划（2014—2020）》（2014年，国务院）
呼包鄂榆		《呼包鄂榆城市群发展规划》（2018年，国家发展改革委）

进一步，我们统计了表1－1中所有城市集群发展规划文件，发现城市集群所含地级及以上城市数量高达203个[②]，占全国比重接近70%。这种空间范围的广覆盖、地理边缘的广邻接，揭示了城市集群在推动中国区域经济协调发展过程中的重大战略意义。

① 相关文件仅列出最后出台的时间及相关职能部门，其时间演进过程并未详细列出。此外，从发展定位来看，长三角、珠三角和京津冀在部分文献中被定位为世界级城市集群，但这并不影响本书的核心问题。

② 所含城市按照表1－1中最新时间点规划进行统计。

1.1.1.2 绿色发展理念亟待推进

过去几十年，资源高投入成为中国经济快速增长的强大动力源泉。由于自然资源的过度消耗，城市化发展过程中人类经济活动的环境影响趋于增强，污染物排放和环境破坏使得中国城市正面临着前所未有的环境压力。作为经济发展核心引领区的城市集群，其资源消耗与环境污染则更为集中，已有研究（Tao et al.，2017）① 指出仅长三角、珠三角、京津冀3个城市集群其废水、二氧化硫和烟尘（粉尘）总的排放份额就分别占据全国排放总量的34.97%、21.64%和26.10%。进一步地，已有研究以部分城市集群为例，论述了城市集群发展过程中容易出现的外部性问题，诸如核心城市污染密集型产业扩散导致的区域负外部性，城市生产生活空间粗放无序扩张导致的区域负外部性，外围城市污染反向转移和扩散导致的区域负外部性（卢伟，2014）②。显然，与个体城市相比，城市集群建设所带来的经济与环境影响更为复杂，推进城市集群的绿色发展愈发重要。

综上，一方面是中国城市集群快速推进与经济发展保持稳定的客观事实与战略需要，另一方面是经济发展的资源环境约束与城市集群发展过程中面临的多种负外部性的存在，我们不禁要思考，推进城市集群经济与保护生态环境矛盾吗？要经济还是要环境，二者能否兼得，进而推动中国绿色发展？

1.1.2 研究意义

本书在一定程度上能为系统认识城市集群如何影响城市生态效率及其作用机制提供理论与实证参考。梳理已有研究可知，中国城市集群建设确实对地区经济发展产生了重要影响，同时现有学者针对城市集群推进所产生的生态环境问题也进行了一定的研究，但有关城市集群对城市生态效率

---

① TAO F, ZHANG H, HU J, et al. Dynamics of green productivity growth for major Chinese urban agglomerations[J]. Applied Energy, 2017, 196:170 - 179.

② 卢伟. 我国城市群形成过程中的区域负外部性及内部化对策研究[J]. 中国软科学, 2014(8):90 - 99.

的影响，以及产生影响的内在作用机制仍缺乏较为深入和细致的分析。本书试图探索二者的关系以及相关作用机制。通过多维度探讨城市集群影响城市生态效率的作用及其异质性，以及城市集群影响城市生态效率的多维作用机制并结合实证研究以期丰富城市集群建设与城市生态效率的相关研究。

本书在一定程度上能为客观认知中国城市集群发展现状、采取有效城市集群发展战略提供建议，并将城市集群发展战略与提高城市生态效率相结合，推动中国绿色发展。当前，各级政府为推动地区和区域经济发展，城市集群发展获得广泛关注，城市集群发展规划陆续出台，但大力推进城市集群建设对城市生态效率产生的影响却并未得到足够重视。由于异质性的存在，实现对城市集群发展影响城市生态效率的多维效应的认知具有必要性和现实性，而现有研究对此关注同样不足。本书将对城市集群发展影响城市生态效率进行多维视角下的探析，从而有可能为有效推动城市集群发展与提升城市生态效率提供政策建议及着力点。进一步地，本书还将关注典型城市集群地区和非典型城市集群地区，尝试探讨前者对后者生态效率的影响，这一研究的开展将丰富中国城市生态效率的空间效应的实践认知，为推进城市生态效率的协调共进提供一定的数据与实证支持。

1.2 文献综述

集聚经济的研究和讨论是经济学的重点内容，集聚的经济增长效应引发了国内外学者的普遍关注。随着生态环境问题的逐步显现，探讨集聚的经济增长及其生态环境影响，尤其是集聚对于后者的影响逐渐引起了多学科领域以及国内外学者的关注。然而由于不同学科学者的研究切入点和方法论的差异，学界对于集聚的生态环境效应并未达成一致认识，相关研究仍有待进一步丰富和拓展。

与此同时，中国正处在大力培育城市集群阶段，生态文明建设与绿色发展理念的推进为城市集群发展提出了更高的要求，培育与发展城市集群不仅要担负起实现区域经济协调发展的空间载体，发挥其空间带动作用，更要推动城市集群的生态环境建设，实现城市集群生态文明协调共进、绿色发展协同提升。显然，较为系统地考察当前以城市集群为空间载体的资源环境约束下的经济发展研究现状具有必要性，也是本书探讨城市集群建设影响城市生态效率的作用机理与实证研究的重要文献支撑。

基于以上考虑，本书的文献梳理和归纳主要涵盖以下三个维度：首先，从经济要素集聚视角入手，考察其对污染及生态效率的影响，并细分要素集聚的两个重要维度，分别阐述不同要素集聚的生态环境效应，实现文献梳理的合理性与层次性。其次，扩展文献梳理对象，考察更高空间维度的集聚经济——城市集群这一空间载体的经济增长效应。最后，梳理近年来以城市集群为研究对象的生态效率的相关成果。具体如下：

1.2.1 集聚对生态效率的影响研究

已有文献研究集聚的增长效应，通常将集聚分为产业集聚和人口集聚，类似地，本书梳理现有要素集聚与生态效率关系的研究也从产业、人口两个维度展开。

1.2.1.1 产业集聚影响生态效率的研究

国外学者较早地关注了产业集聚与生态效率的关系。Verhoef 和 Nijkamp（2002）[①] 通过构建单一中心城市空间均衡模型分析指出：一方面，产业集聚导致了环境质量发生不同程度的恶化；另一方面，产业集聚又由于马歇尔外部性的存在促进了经济增长，上述两个层面共同构成了产业集聚影响生态效率的不同作用方向。Hosoe 和 Naito（2006）[②] 认为产业集聚经常会引起环境问题，作者将环境因素纳入新经济地理分析框架，通过构建短期和长期均衡模型分析了产业集聚通过空气污染、水污染等对经济部门生产造成的不利影响，同时作者进一步论证了假定跨界污染存在的情况下

---

① VERHOEF E T, NIJKAMP P. Externalities in urban sustainability: Environmental versus localization - type agglomeration externalities in a general spatial equilibrium model of a single - sector monocentric industrial city[J]. Ecological Economics, 2002, 40(2):157 - 179.

② HOSOE M, NAITO T. Trans - boundary pollution transmission and regional agglomeration effects [J]. Papers in Regional Science, 2006, 85(1):99 - 120.

产业集聚引发的环境污染还将对不同地区产生不同程度的负面效应。

近年来，中国学者针对产业集聚对污染及生态效率影响的研究逐渐增多。Zeng 和 Zhao（2009）① 通过构建两国两个部门的经济模型，揭示了制造业集聚可以减轻“污染天堂”的效应，并且一旦较大的国家实施稍微严格的环境监管，“污染天堂”的效应可能不会出现。张可、豆建民（2013）② 采用结构方程模型（SEM）研究了集聚对环境污染的作用机制，文章指出产出规模、产出结构和产出效率是造成污染的重要因素，集聚通过引发产出效率和成本的增加，加重了污染排放。文章还指出，大城市的集聚将会对其周围城市带来临近污染效应，与此同时，集聚水平与集聚污染效应呈现空间分异，东部城市表现为高集聚、低污染，而大城市集聚的环境效率则要优于中小城市。张可、汪东芳（2014）③ 通过构建集聚与污染的交互影响理论模型对二者的空间溢出和相互作用机制进行了探讨，研究表明集聚和污染之间存在双向作用机制，集聚加剧了污染，而污染则反向抑制集聚，研究还分析了城市之间污染与集聚的空间关联性与溢出效应。刘习平、盛三化（2016）④ 基于扩展的 STIRPAT 模型，探讨了 2003—2013 年中国城市产业集聚所引致的环境效应，结果表明产业集聚与环境变动之间并非线性关系，而是呈现“U”形特征。Cheng（2016）⑤ 利用中国 285 个城市的统计数据，研究了制造业集聚与污染二者之间的空间相关性和相互作用。文章认为，制造业集聚加剧了环境污染，而环境污染则制约了制造业的集聚。同时，由于存在空间效应，任何一个城市的制造业集聚

---

① ZENG D Z, ZHAO L. Pollution havens and industrial agglomeration[J]. Journal of Environmental Economics and Management, 2009, 58(2):141 - 153.

② 张可,豆建民. 集聚对环境污染的作用机制研究[J]. 中国人口科学,2013(5):105 - 116, 128.

③ 张可,汪东芳. 经济集聚与环境污染的交互影响及空间溢出[J]. 中国工业经济,2014(6):70 - 82.

④ 刘习平,盛三化. 产业集聚对城市生态环境的影响和演变规律——基于 2003—2013 年数据的实证研究[J]. 贵州财经大学学报,2016(5):90 - 100.

⑤ CHENG Z. The spatial correlation and interaction between manufacturing agglomeration and environmental pollution[J]. Ecological Indicators, 2016, 61: 1024 - 1032.

和环境污染都可能受到周边城市制造业集聚和环境污染的影响。杨柳青青（2017）[①] 在揭示中国地级市生态效率整体逐步改善的基础上，分别讨论了产业集聚和人口集聚对生态效率的影响：从产业集聚角度看，产业集聚显著改善了城市的生态效率，且该效应在西部地区和小型城市之间更大。

Han 等（2018）[②] 基于 STIRPAT 模型研究了城市集聚经济对污染排放的影响。结果表明，专业化和多元化集聚可以通过集聚外部性显著促进本地和周边城市的污染排放。具体而言，低端技术产业的专业化集聚在多数情况下有利于减少城市及其周边的污染排放，而多元化集聚增加了污染排放；中端技术产业的专业化和多元化集聚增加了城市及其周边的污染排放，而高端技术产业的专业化和多元化集聚的污染效应则相对复杂。张治栋、秦淑悦（2018）[③] 以长江经济带为例，探讨了产业集聚过程中所产生的城市绿色效率增长效应及其差异性影响，指出集聚的绿色效率增长效应并非线性变动，制造业集聚与绿色效率二者之间呈“U”形关系，所不同的是，服务业集聚有效推动了城市绿色效率的提升。

通过梳理与分析可知，已有学者针对资源环境约束下产业集聚的增长效应进行了多元化探索，一方面，学者直接探讨了资源环境约束下集聚的经济增长效应，即集聚与生态效率的关系；另一方面，学者们还探讨了集聚对于污染排放这一生态效率核心内涵之一的影响，尽管产业集聚对污染与效率产生影响已成为学术共识，但总的来看，并未就影响方向及作用机理达成一致，争论与分歧仍较为明显。

1.2.1.2　人口集聚影响生态效率的研究

随着农村人口不断流入城市，城市人口规模的扩大和人口密度的提升，一方面推动了经济发展，另一方面也引发了一系列生态环境问题，针

---

① 杨柳青青．产业格局、人口集聚、空间溢出与中国城市生态效率[D]．武汉：华中科技大学，2017.

② HAN F, XIE R, FANG J, et al. The effects of urban agglomeration economies on carbon emissions: evidence from Chinese cities[J]. Journal of Cleaner Production, 2018, 172:1096 - 1110.

③ 张治栋，秦淑悦．产业集聚对城市绿色效率的影响——以长江经济带 108 个城市为例[J]．城市问题，2018(7):48 - 54.

对相关问题的研究逐渐增多。Liu 等（2012）① 运用数据包络分析及实证探讨了城市形态与中国城市生态效率的相关性，认为紧凑型城市和城市生态效率呈正相关。相反，城市蔓延与城市生态效率呈负相关。随后，在细化的生态效率环节，该研究也指出如果城市人口密度过高，污染成本的增加将导致生态效率的下降。魏海涛、刘玲（2016）② 借助 DEA 研究了中国城市生态效率，文章首先指出研究期内城市生态效率整体处于较低水平且存在较强的空间关联性，总的来看，效率均值呈先下降后上升再降低的演变趋势。进一步地，文章认为城市生态效率、城市规模二者不具线性关系，大城市生态效率值最低，小城市反而最高。李佳佳、罗能生（2016）③ 分析了 2003—2013 年中国 281 个城市的规模与生态效率的关系，结果表明，总的来看，研究期内中国城市生态效率呈上升趋势且存在溢出效应，同时城市规模与生态效率存在 N 字形曲线关系。在论证了产业集聚与生态效率的关系的基础上，杨柳青青（2017）④ 基于门限面板模型，进一步论证了人口规模与生态效率的关系，结果表明无论从全国还是东中西部地区来看，人口规模与生态效率之间均存在显著的双重门槛效应及区域异质性，只有处在一定范围内，城市规模的扩大才有利于城市生态效率的提升。Bai 等（2018）⑤ 探讨了城市化对城市生态效率的影响，文章首先指出了中国 281 个地级市的城市生态平均水平和城市化综合水平有所提高的既有事实，随后论证了城市化与城市生态效率的 N 字形关系，并指出空间溢出效应和区域竞争在中国城市生态效率变化中的重要作用。

---

① LIU Y, SONG Y, ARP H P. Examination of the relationship between urban form and urban eco - efficiency in China[J]. Habitat International, 2012, 36(1):171 - 177.

② 魏海涛，刘玲．基于数据包络分析方法的城市生态效率研究[J]．区域经济评论，2016(4)：152 - 160.

③ 李佳佳，罗能生．城市规模对生态效率的影响及区域差异分析[J]．中国人口·资源与环境，2016，26(2)：129 - 136.

④ 杨柳青青．产业格局、人口集聚、空间溢出与中国城市生态效率[D]．武汉：华中科技大学，2017.

⑤ BAI Y, DENG X, JIANG S, et al. Exploring the relationship between urbanization and urban eco - efficiency: evidence from prefecture - level cities in China[J]. Journal of Cleaner Production, 2018, 195: 1487 - 1496.

部分研究者则更为直接地探讨了人口规模与人口集聚对于环境污染的影响。陆铭、冯皓（2014）[①] 的研究表明经济活动的空间集聚有利于减少单位 GDP 工业污染排放强度，同时，文章进一步指出当前中国政府所采取的阻碍人口和经济活动向区域性中心城市集聚的措施对实现既定的污染减排目标存在抑制作用。付云鹏等（2016）[②] 在构建多指标污染指数的基础上研究了人口规模对污染排放物的影响，结论表明人口规模的增加对污染排放物产生正向影响。张淑平等（2016）[③] 研究了中国重点环保城市的城市规模与污染物排放的关系，认为总的来看人口规模低于 1200 万人的城市，污染物浓度随着城市规模增加而显著提升，但人口规模超过 1200 万人，污染物排放则出现下降的趋势。王星（2016）[④] 在构造城市规模综合指标的基础上研究了 2005—2014 年中国省会城市规模与雾霾污染的关系，研究发现城市规模的扩大在全国整体范围上加剧了雾霾污染，文章还指出经济增长与雾霾污染之间皆呈“U”形曲线关系，环境库兹涅茨假说在中国并不成立。马素琳等（2016）[⑤] 通过建立拓展的 STIRPAT 模型，分析了城市规模、城市集聚程度与城市空气质量的关系，研究发现人口规模对空气质量存在正效应。李泉、马黄龙（2017）[⑥] 以中国 39 个主要城市为研究对象，研究了人口集聚的环境污染效应，结果表明在中国主要大中城市，人口集聚度与环境污染二者呈倒“U”形曲线关系。郑怡林、陆铭

---

① 陆铭，冯皓．集聚与减排：城市规模差距影响工业污染强度的经验研究［J］．世界经济，2014，37（7）：86－114.

② 付云鹏，马树才，宋琪．基于空间计量的人口规模、结构对环境的影响效应研究［J］．经济经纬，2016，33（5）：24－29.

③ 张淑平，韩立建，周伟奇，李伟峰．城市规模对大气污染物 NO_2 和 $PM_{2.5}$ 浓度的影响［J］．生态学报，2016，36（16）：5049－5057.

④ 王星．城市规模、经济增长与雾霾污染——基于省会城市面板数据的实证研究［J］．华东经济管理，2016，30（7）：86－92.

⑤ 马素琳，韩君，杨肃昌．城市规模、集聚与空气质量［J］．中国人口·资源与环境，2016，26（5）：12－21.

⑥ 李泉，马黄龙．人口集聚及外商直接投资对环境污染的影响——以中国 39 个城市为例［J］．城市问题，2017（12）：56－64.

(2018)[①] 从宏观的规模效应和微观的同群效应两个角度探讨了城市人口规模变动所带来的环境污染效应，结果表明：一方面，人口集聚通过引发排污规模效应从而降低了人均污染物排放量；另一方面，由于同群效应的存在，城市外来新移民会受原有居民的影响而改善自身的环保行为，并提升有关的环保知识水平，由于大城市同群效应更强，因此，大城市更有利于实现环保。邓翔、张卫（2018）[②] 以2003—2014年中国282个地级及以上城市面板数据为样本，实证探讨了城市规模与地区环境污染之间的关系，结果表明，扩大城市规模对地区环境污染具有显著的负向抑制作用，文章指出，提升城市规模有利于改善日益恶化的地区生态环境。

通过梳理已有文献可知，与产业集聚对地区污染排放及生态效率产生影响一样，人口集聚对污染排放与生态效率同样产生重要影响。由于研究的视角、数据及方法的不同，学者们对于人口集聚的生态环境效应仍然存在着较为明显的分歧，无论是把人口集聚数量还是人口集聚密度作为考察变量，二者均存在结论的多样化。

1.2.2 城市集群的经济增长效应研究

与城市个体相比，已有研究认为城市集群的增长效应更加复杂。由于包含一系列不同功能不同等级不同规模的城市，与城市内部集聚的增长效应相比，城市集群促进增长的作用机理更加复杂。近年来，学者们针对城市集群的增长效应及其作用机理的研究有所增加。

吴福象、刘志彪（2008）[③] 认为城市集群能够有效推动城市经济增长，并以长三角城市集群为例，较为详细地阐述了城市集群引致城市经济增长的两种重要机制。一方面，城市集群发展可以推动要素的跨区域自由流

---

① 郑怡林，陆铭．大城市更不环保吗？——基于规模效应与同群效应的分析[J]．复旦学报（社会科学版），2018，60(1)：133－144.

② 邓翔，张卫．大城市加重地区环境污染了吗？[J]．北京理工大学学报（社会科学版），2018，20(1)：36－44.

③ 吴福象，刘志彪．城市化群落驱动经济增长的机制研究——来自长三角16个城市的经验证据[J]．经济研究，2008，43(11)：126－136.

动，这促使优质生产要素主动流向大城市并产生集聚，普通生产要素向小城市集中，这一过程提升了长三角要素集聚的外部经济性，并推动了经济增长。另一方面，在要素可以自由流动时“蒂伯特选择”机制发挥作用，群内政府部门为了吸引群外的企业和产业进入，通常借助于增加包含基础设施建设在内的固定资产投资来创造外部有利环境，通过强化产出联系和循环累积效应，进一步推动城市集群经济增长。余静文、王春超（2011）① 以京津冀、长三角和珠三角城市圈为例，讨论了城市圈的形成对城市圈经济发展的影响及其作用机制。结果表明，城市圈主要依靠“蒂伯特选择”机制和加快城市化进程两个层面来影响城市圈的发展；同时文章指出，不同城市圈的经济增长效应存在异质性，京津冀城市圈尚未从中心城市获得增长辐射效应，而长三角、珠三角则受益于中心城市的辐射效应。魏守华等（2013）② 指出，中国城市集群地区具有更快的经济增长率和更高的劳动生产率是单个城市聚点外部性和城市间网络外部性这一双重集聚外部性共同驱动的结果。文章指出，从城市个体聚点外部性来说，基础设施、外商投资集聚等存在较为明显的增长效应；就网络外部性来说，城市集群基础设施一体化以及集群内分工能够带来明显的增长效应。此外，文章还表明，就城市集群双重外部性来说，东部显著优于中西部，因而经济增长更快。Garcia－López 和 Muñiz（2013）③ 以巴塞罗那大都市区 162 个城市为研究对象，通过构建大都市就业增长模型，一方面通过与就业中心的距离考察了大都市的增长效应，另一方面基于距离加权变量探讨了邻居效应，结果证实了城市空间结构变动在解释城市内部经济增长中的作用。文章进一步指出了相邻城市专业化经济和大都市区城市化经济对于城市就业增长的作用。

---

① 余静文，王春超．城市圈驱动区域经济增长的内在机制分析——以京津冀、长三角和珠三角城市圈为例[J]．经济评论，2011(1):69－78，126.

② 魏守华，李婷，汤丹宁．双重集聚外部性与中国城市群经济发展[J]．经济管理，2013，35(9):30－40.

③ GARCIA－LóPEZ M À，MUñIZ I. Urban spatial structure，agglomeration economies，and economic growth in Barcelona：An intra－metropolitan perspective[J]．Papers in Regional Science，2013，92(3):515－534.

近年来，学者们对城市集群增长效应的作用机制与外部性效应进行了进一步的探索。Kanemoto （2013）① 通过构造一个微观模型，考察了基于交通改善的城市集群效应，文章认为如果产品市场是竞争性的，那么城市集群将产生积极效应，反之，并不能排除负效应的可能性；此外，如果同时有多个城市，有可能会带来负向净集聚效应。Dong 等 （2014）② 评估了长株潭城市集群的县级经济增长及其演化趋势，文章指出长株潭城市集群县级经济增长呈现空间相关性，并论证了城镇密度、第二产业和区域整合政策对于长株潭城市集群经济格局演变的重要促进作用。吴俊、杨青（2015）③ 以长三角为例研究了城市集群扩容的经济一体化效应，认为城市集群建设并未消除边界效应，这一效应仍将对地区经济发展产生差异性影响。同时作者认为，由于城市集群建设以及后期扩容过程中并不能消除边界效应，因此可以运用区域边界效应来培育区域经济增长极。原倩（2016）④ 研究了城市集群建设的经济增长效应及其作用机制，文章指出中国城市集群建设推动了城市经济的增长；文章还进一步指出，尽管城市集群建设的经济增长效应存在异质性，但总的来看，城市集群的经济增长效应的主要渠道可以从要素疏解、优化城市经济结构和提升区域一体化等层面予以考察。郭进等 （2016）⑤ 研究了中国五大城市集群发展过程中金融外部性、技术外部性的差异性及其经济增长效应的不同，研究指出中国城市集群资本要素的跨城市配置并未表现出向具有更高劳动生产率的城市转移的态势，而科技活动的城市间扩散也没有对城市集群技术水平带来正向

---

① KANEMOTO Y. Second - best cost - benefit analysis in monopolistic competition models of urban agglomeration[J]. Journal of Urban Economics, 2013, 76:83 - 92.

② DONG M, ZOU B, PU Q, et al. Spatial pattern evolution and casual analysis of county level economy in Changsha - Zhuzhou - Xiangtan urban agglomeration, China[J]. Chinese Geographical Science, 2014, 24(5):620 - 630.

③ 吴俊，杨青．长三角扩容与经济一体化边界效应研究[J]．当代财经，2015(7):86 - 97.

④ 原倩．城市群是否能够促进城市发展[J]．世界经济，2016,39(9):99 - 123.

⑤ 郭进，徐盈之，王美昌．金融外部性、技术外部性与中国城市群建设[J]．经济学动态，2016(6):74 - 84.

促进作用，外部性的经济增长效应仍有待进一步加强。王晓红（2016）① 研究了长三角城市集群及其扩容前后的经济增长效应，指出城市集群可以依靠土地利用效率改善、产业集聚效应提升、人力资本效应增强等路径引致城市效率进步；此外，作者还认为扩容可以带来城市集群的广化发展、拓展其发育辐射范围，而新加入城市集群的城市能够获得原有城市集群内部的城市所产生的空间溢出效应进而影响自身经济发展。刘乃全、吴友（2017）② 同样以长三角为例，探讨了长三角城市集群扩容的经济增长效应及其作用机制，研究表明，扩容显著促进了新进城市和城市群原有城市的经济增长，且对新进城市经济增长的促进效应大于原有城市。作者进一步从经济联系、产业分工、市场统一等三个机制方面探讨了城市集群发展的经济效应及其对不同类型城市增长的差异。张学良等（2017）③ 认为城市集群理论上能够通过推动群内城市间市场整合实现资源的优化配置，进而提升生产效率。基于此，作者以长三角为例探讨了城市经济协调会的经济增长效应，结果表明，加入长三角城市经济协调会可以提升地区劳动生产率，且这种效应具有时间累积趋势。Veneri（2018）④ 考察了 29 个经合组织国家（OECD）的功能性城市区域（functional urban areas，FUAs）在空间结构演化过程中的增长效应，发现在上述国家的功能性城市区域，人口疏散成为普遍趋势，原有核心城市周围出现新的增长点，这一新的增长点的培育过程也在逐渐重塑都市区的空间结构。

梳理上述文献可知，随着城市集群建设的逐渐推进，学者们尤其是国内学者针对城市集群建设带来的增长效应进行了探索，且在实证探索的同时也对相关的理论机理进行了分析，这些研究为探索城市集群的增长效应提供了视角借鉴。但同时，我们发现上述研究主要集中在城市集群建设的

---

① 王晓红．长三角城市群形成与扩展的效率研究[D]．南京：南京师范大学，2016.

② 刘乃全，吴友．长三角扩容能促进区域经济共同增长吗[J]．中国工业经济，2017(6)：79－97.

③ 张学良，李培鑫，李丽霞．政府合作、市场整合与城市群经济绩效——基于长三角城市经济协调会的实证检验[J]．经济学(季刊)，2017，16(4)：1563－1582.

④ VENERI P. Urban spatial structure in OECD cities：Is urban population decentralising or clustering？[J]．Papers in Regional Science，2018，97(4)：1355－1374.

经济增长效应方面，在探讨其作用机理时并未将生态环境问题纳入理论机理的分析框架，因此，上述分析仍存在一定的拓展空间。针对这一现象，部分学者开始转变过多关注经济增长问题的传统思维，在研究城市集群的经济问题时逐渐增强了对生态环境要素的考察，主要的研究维度有如下两个层面：单个城市集群生态效率的研究、不同城市集群生态效率的对比研究。

1.2.3 以城市集群为考察对象的生态效率研究

基于资源环境约束对中国城市集群的经济增长进行研究，是近年来的热点。国内相继出台的城市集群规划以及不同发育程度的城市集群建设这一事实为研究城市集群生态效率提供了良好的空间载体。总的来看，针对城市集群生态效率的研究主要包括以下角度：单个城市集群的生态效率评估与时空演化判定；多个城市集群的生态效率评估与比较；部分文献也在评估与比较的同时进行了生态效率影响因素的考察。

1.2.3.1 基于单个城市集群生态效率的研究

付丽娜等（2013）① 借助 DEA 讨论了长株潭城市集群 2005—2010 年的生态效率及影响因素，文章指出总体上城市集群生态效率呈现“水平较高、差异明显”的分布特征。文章还指出，产业结构对生态效率产生正向影响，外资利用对生态效率产生负向效应。马勇、刘军（2015）② 通过构建生态效率评价指标体系，综合使用主成分分析、DEA 效率测算模型对长江中游城市集群产业生态化效率进行了评估，得出了其产业生态化效率先上升后下降，但纯技术效率一直处于改进状态的数据事实。黄志红（2016）③ 指出长江中游城市集群生态效率在研究期内整体提升，并存在区域差异以及省会城市生态效率的“极化现象”；文章进一步指出产业结构

---

① 付丽娜，陈晓红，冷智花．基于超效率 DEA 模型的城市群生态效率研究——以长株潭“3+5”城市群为例[J]．中国人口·资源与环境，2013，23(4)：169-175.

② 马勇，刘军．长江中游城市群产业生态化效率研究[J]．经济地理，2015，35(6)：124-129.

③ 黄志红．长江中游城市群生态文明建设评价研究[D]．中国地质大学，2016.

高度化和研发强度的提升有利于生态效率的改善，而外商直接投资强度对生态效率产生负向效应。Zhang 等（2017）① 以2010年多区域投入产出表为基础研究了京津冀城市集群的产业集聚、能源消费以及转移问题，认为城市集群的发展促进了城市体系内的能源和产业转移，在集聚区内建立有效的能源流动促进机制对于城市集群整合和可持续发展具有重要作用。

随着研究的不断深入，学者们对于城市集群生态效率的评估过程中的分析变量与指标选择有所拓展。Wang 等（2017）②基于多区域投入产出表并通过一个经过修正的跨区域（部门）模型，研究了京津冀城市集群的空气污染状况及其区域间转移，继而从规模效应、强度效应、结构效应三个方面探讨了城市集群污染物转移的贡献率。任宇飞、方创琳（2017）③ 通过构建复合生态效率评价指标体系，结合非期望产出 SBM 模型，对京津冀城市集群生态效率及其空间效应进行了评价。结果表明，京津冀城市集群生态效率总体水平较低，且呈先下降后上升的演变趋势；生态效率高值区以京、津、唐三市及周边部分县（区）为主，生态效率的空间分布呈现正向集聚态势。陆砚池、方世明（2017）④ 指出，从整体上看，2006—2015年武汉城市圈建设用地的生态综合效率值呈上升趋势，技术进步的制约成为用地生态效率增长的主要阻力，而生态投入以及产业结构则有利于建设用地生态效率的提升。董小君、石涛（2018）⑤ 探讨了中原城市集群绿色发展效率的时空特征及影响因素，结果表明，中原城市集群绿色发展效率偏低且存在一定的空间相关性；政府财政、对外开放等有利于提升其绿色

① ZHANG Y, LI Y, ZHENG H. Ecological network analysis of energy metabolism in the Beijing - Tianjin - Hebei (Jing - Jin - Ji) urban agglomeration[J]. Ecological Modelling, 2017, 351:51 - 62.

② WANG Y, LIU H, MAO G, et al. Inter - regional and sectoral linkage analysis of air pollution in Beijing - Tianjin - Hebei (Jing - Jin - Ji) urban agglomeration of China[J]. Journal of Cleaner Production, 2017, 165:1436 - 1444.

③ 任宇飞,方创琳. 京津冀城市群县域尺度生态效率评价及空间格局分析[J]. 地理科学进展,2017,36(1):87 - 98.

④ 陆砚池,方世明. 基于 SBM - DEA 和 Malmquist 模型的武汉城市圈城市建设用地生态效率时空演变及其影响因素分析[J]. 长江流域资源与环境,2017,26(10):1575 - 1586.

⑤ 董小君,石涛. 中原城市群绿色发展效率与影响要素[J]. 区域经济评论,2018(5):116 - 122.

发展效率，金融支持、科技研发则产生了显著的负向效应。罗能生等(2018)① 以2003—2015年为研究期限，分析了长江中游城市集群生态效率的时空特征及空间效应，结果表明：尽管水平较低，长江中游城市集群的生态效率仍有所提升，但空间内部存在不平衡性；从空间相关性来看，城市间生态效率呈现负相关，并出现“污染俱乐部”。Wang等（2018)② 以珠江三角洲城市集群为例研究了城市形态对二氧化碳排放效率的影响。结果发现城市蔓延会降低二氧化碳的经济效率，而紧凑型城市则会提升二氧化碳排放效率。该研究从城市形态角度分析了建设中国低碳城市的可行性路径。毕斗斗等（2018)③ 探讨了长三角26个城市的产业生态效率以及时空演化，研究表明，2000—2014年群内多数城市产业生态效率逐渐增长，且呈现空间集聚分布，进一步地，核心区域城市生态效率的空间扩散效应不断增强。

1.2.3.2 基于多个城市集群的生态效率及其对比研究

张庆民等（2011)④ 基于三阶段DEA模型测度了中国十大城市集群的环境投入产出效率，文章指出，中国十大城市集群环境投资与污染治理效率的提升仍存在较大空间，同时，环境投入产出效率存在差异性，东部沿海城市集群高于中西部。周虹、喻思齐（2014)⑤ 比较了武汉城市圈、长株潭城市集群的生态效率时序变动，指出从整体上看武汉城市圈的效率均值优于长株潭，但后者增长态势相对较好。李琳、刘莹（2015)⑥ 比较分

① 罗能生，王玉泽，彭郁，等．长江中游城市群生态效率的空间关系及其协同提升机制研究[J]．长江流域资源与环境，2018，27(7)：1444－1453.

② WANG S, WANG J, FANG C, et al. Estimating the impacts of urban form on CO2 emission efficiency in the Pearl River Delta, China[J]. Cities, 2018，85：117－129.

③ 毕斗斗，王凯，王龙杰，等．长三角城市群产业生态效率及其时空跃迁特征[J]．经济地理，2018，38(1)：166－173.

④ 张庆民，王海燕，欧阳俊．基于DEA的城市群环境投入产出效率测度研究[J]．中国人口·资源与环境，2011，21(2)：18－23.

⑤ 周虹，喻思齐．基于DEA法的城市圈生态效率对比研究——以长株潭城市群和武汉城市圈为例[J]．区域经济评论，2014(5)：146－150.

⑥ 李琳，刘莹．中三角城市群与长三角城市群绿色效率的动态评估与比较[J]．江西财经大学学报，2015(3)：3－12.

析了长江中游城市集群和长三角城市集群绿色发展效率时序变动。文章指出，一方面，长江中游城市集群表现为低水平的均衡发展，长三角表现为较高水平的非均衡发展，并存在绿色效率差距扩大的演变趋势；另一方面，与长江中游城市集群相比，长三角绿色发展增长极已初步形成且存在扩散效应。张建升（2016）① 对2005—2012年中国十大城市集群的环境技术效率和环境约束下的全要素生产率及其影响因素进行了研究，结果表明，中国十大城市集群环境全要素生产率整体不断下降且表现出东部城市集群优于中西部城市集群的空间分布特征；文章还就影响因素进行了较为详细的探讨，论证了互联网、人力资本、财政支出、环境规制水平等变量对环境全要素生产率的正向影响，以及外商直接投资、产业结构等因素的负向效应。Tao等（2016，2017）②③ 基于Malmquist - Luenberger产出指数衡量和分解了2003—2013年京津冀、长三角、珠三角三大城市集群的绿色生产率增长，结果表明，城市集群绿色生产力增长的主要来源是技术进步而非效率提高，并就不同城市集群绿色生产力增长的决定性因素及可能存在的绿色发展领先城市进行了分类和讨论。任宇飞等（2017）④ 对中国东部四大城市集群的时间截面生态效率进行了研究，文章指出，一方面，整体上中国四大城市集群生态效率先降低后增加；另一方面，城市集群内城市的生态效率在时空演变上特征各异，核心城市周边以及沿海沿江城市生态效率水平相对较高，内陆城市则较低。李平（2017）⑤ 运用基于松弛的方向性距离函数和Luenberger生产率指数测度和分析了长三角及珠三角城市集群环境经济绩效的区域差异，文章指出长三角城市集群的整体环境绩

① 张建升．我国主要城市群环境绩效差异及其成因研究[J]．经济体制改革，2016(1)：57 - 62.

② TAO F, ZHANG H, XIA X. Decomposed sources of green productivity growth for three major urban agglomerations in China[J]. Energy Procedia, 2016, 104: 481 - 486.

③ TAO F, ZHANG H, HU J, et al. Dynamics of green productivity growth for major Chinese urban agglomerations[J]. Applied Energy, 2017, 196: 170 - 179.

④ 任宇飞，方创琳，蔺雪芹．中国东部沿海地区四大城市群生态效率评价[J]．地理学报，2017，72(11)：2047 - 2063.

⑤ 李平．环境技术效率、绿色生产率与可持续发展：长三角与珠三角城市群的比较[J]．数量经济技术经济研究，2017，34(11)：3 - 23.

效水平略高于珠三角，在考虑环境约束后，珠三角城市集群内部的环境技术效率水平分化现象加剧，地区非平衡程度增加。

在城市集群生态效率的分析过程中，部分学者针对引起效率差异化的因素及其变动进行了探讨。刘云强等（2018）[①] 以长江经济带城市集群为例，研究了绿色技术创新、产业集聚与绿色技术创新的关联效应对生态效率的影响。结果表明，绿色技术创新对生态效率产生显著正向作用，且在长江经济带下游地区表现更为明显。进一步地，由于集聚的调节作用，整体及下游地区的绿色技术创新对生态效率的正向作用有所增强，上游地区则不明显。Liu 等（2018）[②] 以理想点交叉效率（IPCE）模型为分析起点，研究了中国 2008—2015 年 10 个典型城市集群的碳排放效率。研究表明，中国城市集群的碳排放效率没有得到显著提升，在城市化过程中产生的四种效应对于城市集群碳排放效率有着不同影响。具体而言，人口效应和经济效应促进了成熟城市集群的碳排放效率，同时降低了形成期城市集群的效果，产业效应只能促进成熟城市集群的效率。空间扩张效应只会降低形成期城市集群的效率，而公共交通的改进则同时提高了两种城市集群的效率。

综观上述两个层面的文献可知，基于地区发展的需要，学者们对于城市集群生态效率进行了初步探索，整体来看城市集群生态效率呈波动上升趋势，但受多种因素的影响，城市集群生态效率还存在较为显著的个体差异，进而引致中国城市集群生态效率仍存在巨大提升空间。

1.2.4 文献评述

梳理归纳以往文献，学者们以不同的角度、不同的研究方法、多样化的数据和研究对象对集聚与环境污染、生态效率的关系及其作用机制，城市集群的经济增长效应，以及不同地区城市集群生态效率的时空演化及影

---

① 刘云强，权泉，朱佳玲，等．绿色技术创新、产业集聚与生态效率——以长江经济带城市群为例[J]．长江流域资源与环境，2018(11)：2395－2406.

② LIU B, TIAN C, LI Y, et al. Research on the effects of urbanization on carbon emissions efficiency of urban agglomerations in China[J]. Journal of Cleaner Production, 2018, 197:1374－1381.

响因素进行了不断探索，研究成果日益丰富，这为本书提供了有益的理论参考与实证借鉴。但现有研究仍有一定的不足及改进空间。

1.2.4.1　已有研究对城市集群与城市生态效率的关系关注不足

在研究集聚的生态环境效应等问题时，现有文献更多关注的是城市内部的产业集聚、人口集聚等集聚现象产生的多维度影响。近年来，虽有部分文献将城市集群作为考察对象探讨了城市集群的生态效率，但上述研究只是将城市集群作为一种空间载体，进而对其空间范围内的生态效率进行识别与分析，并未将城市集群发展视作一种动态变量来考察其对生态效率的影响。因此，从动态角度考察城市集群的发展对于城市生态效率的影响具有必要性。

1.2.4.2　已有研究对城市集群影响城市生态效率的作用机制关注不足

研究城市集群的生态效率问题时，已有文献多侧重于静态分析城市集群的生态效率，或者是进行少数城市集群之间的对比分析，缺乏全局性。这些研究在分析城市集群生态效率问题时，更多的是对城市集群形成后的整体效率进行评估，通常忽略了城市集群发展对城市生态效率的影响。由于缺乏动态层面的关注，已有研究对于城市集群发展如何影响城市生态效率的作用机制关注不够。

尽管部分现有研究针对城市内部经济集聚对于生态效率以及环境污染的影响机制进行了探讨，少数学者针对城市集群影响经济增长的作用机制进行了探讨，但总的来看，对于城市集群如何影响城市生态效率的理论机理尚缺乏较为系统的梳理与探析，而相应的实证分析同样不足。

1.2.4.3　已有研究忽视了“群内”对于“群外”生态效率的影响

在探讨生态效率的空间效应时，现有研究主要关注全国样本城市的生态效率的空间效应，以及以特定城市集群为空间载体进行的生态效率的空间效应研究，这一研究导向在一定程度上忽视了“群内”地区对于“群外”地区生态效率的影响。因此，寻找一个合适的视角，探讨群内与群外的生态效率差异，以及有可能存在的空间效应具有一定的必要性，这一分析视角的拓展不仅有利于深化对于中国城市生态效率空间效应的认知，还有助于不同地区生态效率的协同推进。

1.3 研究思路、内容与方法

1.3.1 研究思路

本书针对城市集群对城市生态效率的影响这一研究主题，基于当前国内绿色发展、城市集群建设多措并举的战略背景，拟重点探讨以下若干问题：①当前中国城市集群发展与城市生态效率时序、空间演进如何？②城市集群影响了城市生态效率了吗，如何影响，是否存在异质性？③城市集群影响城市生态效率的作用机理是什么，其存在的多个维度如何表现？④在控制其他条件的情境下，典型城市集群地区与非典型地区是否存在生态效率的显著性差异，假如存在，如何呈现？进一步地，这种生态效率差异是否存在空间效应，表现又如何？上述结果又如何影响城市生态效率的协同提升？

为回答上述问题，本书研究思路的逻辑安排具体如下：本书遵循“提出问题—分析问题—解决问题”的研究范式，依照“整体—局部、全样本选择—分样本下沉”原则划分研究对象，秉承“影响机理探析—既有事实评估—初步实证判断—作用机理检验—深化实证考察”的研究结构，从以下三个方面展开分析，并试图解决上述主要问题。①梳理、归纳并参考已有文献，通过引入城市集群程度测度指标、生态效率测度指标对中国城市集群与城市生态效率的发展现状进行评估，重点对其时序变化与空间演变特征进行分析，并试图发现当前中国城市集群发展与生态效率变动的有关问题，引出本书重点关注对象：城市集群对于城市生态效率的影响。②基于已有研究，拟从缩减市场分割、推动市场整合，推动经济结构转型升级、优化经济结构变动，调节要素集聚、实现要素配置优化等三个维度来分析城市集群影响城市生态效率的作用机制。进一步地，在充分阐述作用机制的基础上引入相关的实证模型对作用机制进行实证检验，借此深化城市集群对于城市生态效率的影响的认知。③在前文基础上，进一步拓展前述核心问题。将城市集群发展的动态过程分类，下沉研究对象并结合当前国内区域发展研究热点——长江经济带，构建相关实证模型，将城市集群对城市生态效率的影响进一步深化，丰富推动当前中国生态效率提升、实现绿色发展的政策着力点。

依据研究思路，本书的技术路线可以描述为：立足两个研究现状——生态环境压力存续、绿色发展日益重要，城市集群建设快速推进；阐述一个作用机理——城市集群对城市生态效率影响的作用机理；搭建一个分析框架——城市集群“动态变化、作用机理、核心—外围”和城市生态效率实现“三一映射”的分析框架；实现一个研究目的——推动中国绿色经济发展。具体如图 1 - 1 所示。

1.3.2 研究内容

根据上述研究基本思路，本书共分为八章，其主要内容如下：

第 1 章：绪论。本章首先介绍了研究背景和意义，阐述了本书的行文价值所在。其次，阐述相关文献，从城市经济集聚的生态环境效应、城市集群的经济增长效应、城市集群生态效率时空变动等多个层面对已有研究进行阐释，从而对本书的理论与文献基础进行初步判定与总结，并阐释已有研究的不足与可能的改进空间。再次，归纳本书的研究思路、研究内容，阐述实现本书价值的框架安排及技术路线。最后，提炼本书的创新点，将行文价值细化，从而引出本书可能的边际贡献。

第 2 章：城市集群与城市生态效率的内涵及城市集群影响城市生态效率的机理分析。首先，根据已有研究界定本书所关注的城市集群发展与城市生态效率的内涵，并引出从动态角度考虑的城市集群的内涵。其次，梳理已有研究，引出了市场整合、结构转型、要素集聚等视角下城市集群影响城市生态效率的作用机制，并进行了详细阐述。

第 3 章：城市集群影响城市生态效率的实证分析。首先，对城市集群

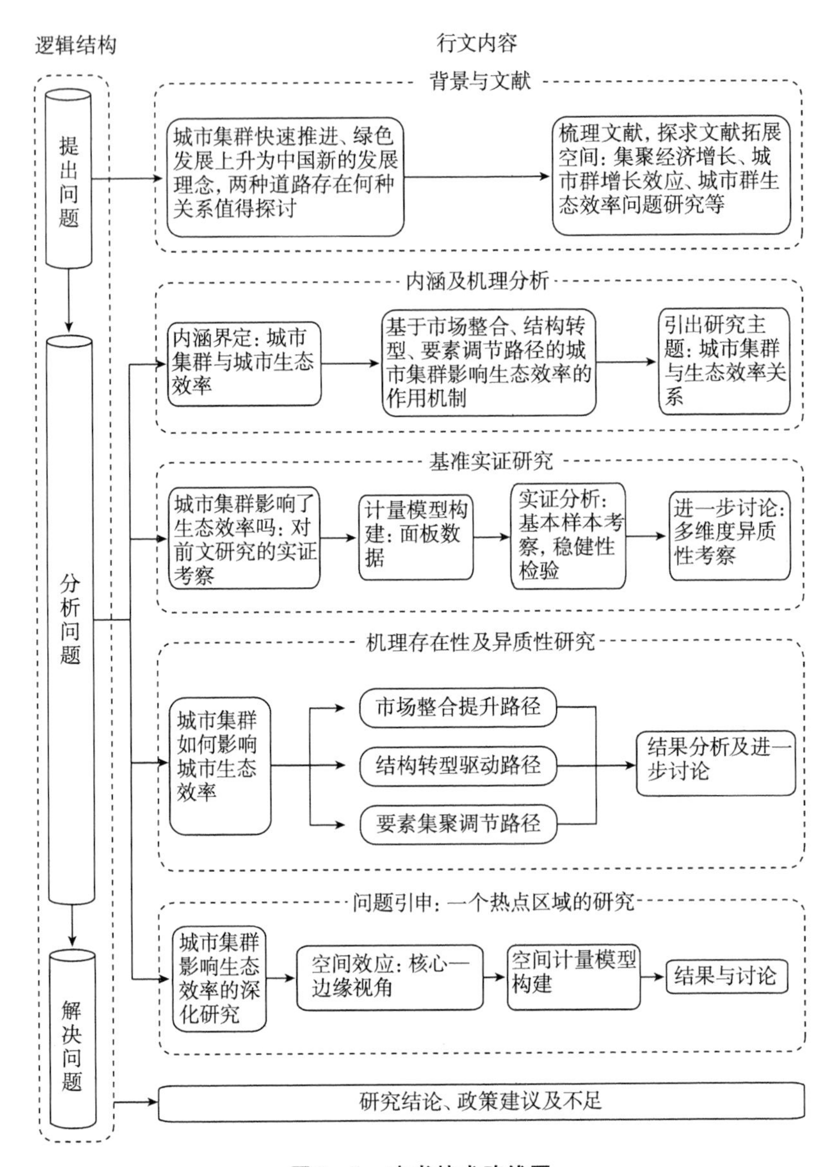

图1-1　本书技术路线图

动态变化状况与城市生态效率进行测度，并多方面呈现中国城市集群动态发展与城市生态效率的时空演进特征，夯实本书现实基础及后续实证研究的客观存在。其次，通过构建实证模型考察城市集群发展对城市生态效率的影响效应。从全样本的角度考察城市集群发展对于城市生态效率的影响，并探索分样本异质性影响的存在性以及实证稳健性，形成对于城市集群影响城市生态效率的全面认知。

第4章：本章主要实证考察了基于市场整合视角的城市集群影响城市生态效率的作用机制。本章以城市集群发展过程中引发的市场整合效应为切入点，结合研究期内中国城市市场整合演进状况，在第3章的基础上构建中介效应实证模型，对作用机理进行检验，并就异质性展开分析。

第5章：本章主要实证考察基于结构转型视角的城市集群影响城市生态效率的作用机制。本章以城市集群发展过程中引发的以产业结构合理化与产业结构高度化共同表征的城市产业结构转型为切入点，结合研究期内中国城市产业结构转型状况，在第3章的基础上构建中介效应实证模型，对作用机理存在性及其异质性进行检验与分析。

第6章：本章主要实证考察基于要素集聚调节视角的城市集群影响城市生态效率的作用机制。本章在作用机理分析的基础上引入城市集群发展对于人口、产业集聚的调节作用及其对生态效率变动带来的影响；接着，在第3章的基础上构建调节效应实证模型，对作用机理及其异质性进行检验，并展开深入分析。

第7章：本章主要探析城市集群发展所引致的城市生态效率的空间效应。该部分内容是对前面章节尤其是第3章的进一步深化与拓展。本章将综合考虑前文城市集群动态变化的计算结果并结合当前实际下沉研究样本，选取长江经济带这一兼具典型和热点的区域，通过构建实证模型重点关注典型集群区域与非典型集群区域生态效率的空间差异性与空间效应。

第8章：主要结论与政策建议。根据本书各章节的实证结果，首先，归结城市集群对于城市生态效率的影响及相关的作用机制；其次，针对主要结论探析背后的政策启示；最后，指出本书的研究不足并展望可能的研究方向。

1.3.3 研究方法

第一，在城市集群影响城市生态效率的基础实证研究中，主要采用统计数据分析、ESDA 空间分析、地统计探索、计量模型分析等方法。文章首先采用统计指标测算、数据包络分析对城市集群程度和城市生态效率进行测度，随后采用时序、空间演化方法对二者的变动进行分析。其次，通过构建静态面板和动态面板计量模型探索城市集群对城市生态效率的多维度影响。

第二，在作用机理的分析与实证检验过程中，综合运用规范分析与实证分析的方法。首先，采用文献查阅、梳理、归纳演绎等规范分析法对城市集群影响城市生态效率的作用机理进行阐述，同时提出一系列有待检验的研究假说。其次，为实证检验城市集群影响城市生态效率的机理，在采用统计数据分析、ESDA 分析、统计分析方法对有关变量数据进行测度和概要分析的基础上，依次通过构建中介效应计量模型、调节效应计量模型，对城市集群影响城市生态效率的机理进行详细的实证研究。

第三，在进行城市集群影响城市生态效率的深化研究中，主要采用比较分析、线性面板回归和空间计量模型等计量方法。首先，通过比较分析、普通线性回归引出和判断本部分内容的研究价值、必要性以及研究对象的基准状况；其次，通过空间计量模型的设定来深化城市集群对城市生态效率影响的认知。

1.4 主要创新点

(1) 研究框架方面。不同于以往研究，本书将城市集群与生态效率相结合，详细探讨了城市集群发展对于城市生态效率的影响，是对当前中国大规模推进的城市集群战略与绿色发展理念的路径关系的一个较为全面的认知。现有研究主要关注城市集聚经济对于生态效率或是环境的影响，对城市集群影响城市生态效率的关注不够，忽略了城市集群这一空间层面对于城市生态效率的影响。

进一步地，与已有研究将一个或多个特定城市集群作为直接的空间载体对其生态效率进行评价不同，本书引入城市集群程度测度变量用于表征城市集群发展，尝试将城市集群视作一个动态变量，从一个兼具动态与全局的视角研究其对城市生态效率的影响。通过构建静态面板和动态面板模型，实证检验了城市集群发展对于城市生态效率的影响。同时，这一分析框架的拓展也是对当前集聚经济生态环境效应和城市集群增长效应文献的有效补充。

（2）理论机理方面。本书在城市集群与生态效率路径关系理论机理的补充和完善方面具有一定的边际价值。目前尚未有文献对城市集群影响城市生态效率的作用机制进行系统梳理与总结，而有关的实证探索也同样不足，本书尝试将理论机理研究系统化。本书融合集聚经济理论、区域发展理论、城市集群发展理论、环境经济理论等多学科研究成果，在前人研究成果的基础上，力争从“市场整合—结构转型—要素集聚调节”等多个角度较为系统地梳理与归纳城市集群影响城市生态效率的作用机制。进一步地，本书还较为系统地探讨了理论机制的实证检验，通过构建中介效应、调节效应等实证模型来验证作用机制的存在性及其可能存在的异质性，并在分析过程中融入新的观察视角，以寻求研究内容的丰富化。

（3）分析视角方面。本书拓展了生态效率空间效应的分析视角。在探讨生态效率的空间效应时，与已有研究不同，本书在热点区域——长江经济带这一空间对象的基础上将城市集群变量与生态效率结合，尝试分析典型集群地区对非典型集群地区的生态效率的空间效应。这一分析视角可以适当弥补当前过度重视“群内”生态效率而造成对“群外”地区生态效率以及二者空间关系关注不足的缺陷。进一步地，在分析过程中，本书通过构建具有逻辑顺序的实证分析模型，对相关问题进行了较为详细的考察，相关的实证结论也在一定程度上有利于丰富中国不同地区生态效率协同推进的研究成果。

第 2 章　城市集群影响城市生态效率的机理分析

2.1　城市集群与城市生态效率内涵界定

2.1.1　城市集群

城市集群，多数学者也称“城市群”，部分国内学者在文献中也沿用全称，（闫小培、林彰平，2004；魏后凯、成艾华，2012；秦尊文，2012；赵秀清等，2016）[①②③④]。20 世纪末，在中国开始出现这一概念，最早由国内城市地理学家所引入，随后国内众多学者针对其内涵以及判定标准进行了卓有成效的探索。

在早期探索（宋家泰，1980；周一星、杨齐，1986；宋家泰、顾朝林，1987）[⑤⑥⑦] 的基础上，顾朝林（1991，1992）[⑧⑨] 较早提出了在中国

① 闫小培,林彰平 . 20 世纪 90 年代中国城市发展空间差异变动分析[J]. 地理学报,2004(3):437 - 445.

② 魏后凯, 成艾华 . 加快推动长江中游城市集群多极协同、一体发展[J]. 政策, 2012(4):49 - 52.

③ 秦尊文 . 推动长江中游城市集群建设上升为国家战略[J]. 政策,2012(8):46 - 49.

④ 赵秀清,白永平,白永亮 . 长江中游城市集群经济增长与区域协调发展[J]. 城市发展研究,2016,23(12):15 - 18.

⑤ 宋家泰 . 城市—区域与城市区域调查研究——城市发展的区域经济基础调查研究[J]. 地理学报,1980(4):277 - 287.

⑥ 周一星,杨齐 . 我国城镇等级体系变动的回顾及其省区地域类型[J]. 地理学报,1986(2):97 - 111.

⑦ 宋家泰,顾朝林 . 城镇体系规划的理论与方法初探[J]. 地理学报,1988(2):97 - 107.

⑧ 顾朝林 . 城市经济区理论与应用[M]. 长春:吉林科学技术出版社,1991.

⑨ 顾朝林 . 中国城镇体系——历史 · 现状 · 展望[M]. 北京:商务印书馆,1992.

构建107个城镇集群的初步设想，姚士谋等（1992）[①] 初步界定了城市集群的概念：城市集群是在一定地区范围内，各类不同等级规模的城市依托交通网络组成一个相互制约、相互依存的统一体。

随后，在中国有关城市集群的研究不断增多。一方面，对于城市集群内涵的认知逐渐丰富。吴传清、李浩（2003）[②] 认为：城市集群是指城市化过程中，在特定地域范围内，若干不同性质、类型和等级规模的城市基于区域经济发展和市场纽带联系而形成的城市网络群体。苗长虹、王海江（2005）[③] 将城市集群定义为：在一定规模的地域范围内，以一定数量的超大或特大城市为核心，以众多中小城镇为依托，以多个都市区为基础，城镇之间、城乡之间紧密联系而形成的具有一定城镇密度的城市功能地域。方创琳等（2005）[④] 认为：城市集群应为空间紧凑、经济高度整合的城市群体，在该集群内，有一个特大中心城市，有三个或更多的大都市区或大城市形成的核心区域。肖金成（2009）[⑤] 则将城市集群阐述为：在特定的区域范围内云集相当数量的不同性质、类型和等级规模的城市，以一个或几个特大城市为中心，依托一定的自然环境和交通条件，城市之间的内在联系不断加强，共同构成一个相对完整的城市“集合体”。

另一方面，城市集群的界定标准也不断多元化。苗长虹、王海江（2005）[⑥] 从城市功能的角度来定义中国城市集群的6项判定标准。方创琳（2009）[⑦] 提出了一个用于判定城市集群的9项标准，随后进一步将城市集群界定指标优化为7个（Fang 和 Yu，2017）[⑧]。宁越敏、张凡（2012）[⑨]

---

① 姚士谋，等. 中国的城市群[M]. 合肥：中国科学技术大学出版社，1992.

② 吴传清，李浩. 关于中国城市群发展问题的探讨[J]. 经济前沿，2003(Z1)：29－31.

③ 苗长虹，王海江. 中国城市群发展态势分析[J]. 城市发展研究，2005(4)：11－14.

④ 方创琳，宋吉涛，张蔷，等. 中国城市群结构体系的组成与空间分异格局[J]. 地理学报，2005(5)：827－840.

⑤ 肖金成. 我国城市群的发展阶段与十大城市群的功能定位[J]. 改革，2009(9)：5－23.

⑥ 苗长虹，王海江. 中国城市群发展态势分析[J]. 城市发展研究，2005(4)：11－14.

⑦ 方创琳. 城市群空间范围识别标准的研究进展与基本判断[J]. 城市规划学刊，2009(4)：1－6.

⑧ FANG C, YU D. Urban agglomeration: an evolving concept of an emerging phenomenon[J]. Landscape & Urban Planning, 2017, 162：126－136.

⑨ 宁越敏，张凡. 关于城市群研究的几个问题[J]. 城市规划学刊，2012(1)：48－53.

提出了城市集群界定的 5 项指标，与此同时，国内不少学者也纷纷对城市集群的含义及界定进行了研究（张倩，等，2011；江曼琦，2013；黄金川，等，2014）①②③。

由上述分析可知，尽管学界尚未对城市集群的判定标准达成一致，但一个发育较为成熟的城市集群应包含特定数量与规模的城市，高度发达的城市间多维联系这一特征基本得到认可。进一步来说，城市集群是区域经济集中的城市发展状态，是高度发达的工业化和城市化带来的先进区域空间组织。城市集群的形成往往意味着一个地区高度发达的经济和现代化水平，其规模经济可以带来巨大的利益，并对区域发展产生深远影响。

同时，已有研究指出，判别城市集群并无单一固定的标准，因时间、空间的不同而变化，城市集群的边界是渐变的（肖金成，2009）④。Fang 和 Yu（2017）⑤ 在其研究中也指出，由于城市集群被认为是一个动态概念，模糊边界很可能更合适。

通过归结已有研究可知，我们可以从两个维度对城市集群进行理解：从静态角度看，城市集群是对于某一空间载体或是特定空间单元的客观描述；从动态角度看，城市集群是多个个体城市由孤立到融合、由个体发展到群体互动的演进过程。

2.1.2 城市生态效率

20 世纪末，日益增加的资源与环境压力对经济的可持续增长构成了巨大挑战，学者们开始探寻可持续增长的有效路径，英国环境经济学家大

① 张倩，胡云锋，刘纪远，等．基于交通、人口和经济的中国城市群识别[J]．地理学报，2011，66(6)：761－770.

② 江曼琦．对城市群及其相关概念的重新认识[J]．城市发展研究，2013，20(5)：30－35.

③ 黄金川，刘倩倩，陈明．基于 GIS 的中国城市群发育格局识别研究[J]．城市规划学刊，2014(3)：37－42.

④ 肖金成．我国城市群的发展阶段与十大城市群的功能定位[J]．改革，2009(9)：5－23.

⑤ FANG C，YU D．Urban agglomeration：an evolving concept of an emerging phenomenon[J]．Landscape & Urban Planning，2017，162：126－136.

卫·皮尔斯（1996）[①] 于1989年率先提出了以环境保护为核心的绿色经济发展模式。随后，Schaltegger 和 Sturn（1990）[②] 将经济效率与环境影响相结合，引出了生态效率（ecological efficiency，又称 eco - efficiency）这一概念，由于更加注重经济增长与环境保护的兼得性，这一概念逐渐被接受。Schmidheiny（1992）[③] 进一步将生态效率定义为：单位时间内经济价值的增加量与生态环境负荷增加量之比。随后，世界可持续发展委员会（World Business Council for Sustainable Development，WBCSD）与世界经济合作与发展组织（Organization for Economic Cooperation and Development，OECD）将生态效率进一步定义为：典型的投入产出过程，使用较少的环境资源代价换取更多的价值。与此同时，国外学者将生态效率含义的解释进一步深化，用经济绩效的提高与环境绩效的提高之比来表示生态效率这一实质内涵逐渐形成共识（Hellweg et al.，2005；Scholz 和 Wiek，2005）[④][⑤]。生态效率的概念引入国内之后，部分国内学者细化了其含义。诸大建等（2005）[⑥] 将生态效率视作环境与经济二者的协调发展关系的变动，并将生态效率定义为经济发展所创造的价值量与环境资源消耗量的比值。近年来，Huang et al.（2014）[⑦]、成金华等（2014）[⑧] 部分学者进一步明确了生态效率的内涵，生态效率蕴含资源消耗、环境影响、经济产出等三个维度的本质也逐渐为越来越多的学者接受。同时，提升生态效率则被

---

① 大卫·皮尔斯．绿色经济的蓝图[M]．何晓军，译．北京：北京师范大学出版社，1996.

② SCHALTEGGER S, STURM A. Ökologische rationalitat [J]. Die Unternehmung, 1990, 4:273 - 290.

③ SCHMIDHEINY S. Changing course: a global business perspective on development and the environment [M]. Cambridge: MIT Press, 1992.

④ HELLWEG S, DOKA G, FINNVEDEN G, et al. Assessing the eco - efficiency of end - of - pipe technologies with the environmental cost efficiency indicator[J]. Journal of Industrial Ecology, 2005, 9(4):189 - 203.

⑤ SCHOLZ R W, WIEK A. Operational Eco - efficiency: comparing firms' environmental investments in different domains of operation[J]. Journal of Industrial Ecology, 2005, 9(4):155 - 170.

⑥ 诸大建，朱远．生态效率和循环经济[J]．复旦学报（社会科学版），2005(2)：60 - 66.

⑦ HUANG J, YANG X, CHENG G, et al. A comprehensive eco - efficiency model and dynamics of regional eco - efficiency in China[J]. Journal of Cleaner Production, 2014, 67:228 - 238.

⑧ 成金华，孙琼，郭明晶，等．中国生态效率的区域差异及动态演化研究[J]．中国人口·资源与环境，2014，24(1):47 - 54.

更多地解释为：在环境影响或者资源消耗降低的同时，产出价值的持续增加（Beltrán et al.，2017）①。综上所述，本书所采用的生态效率的含义遵循当前主流概念，它表征资源消耗、环境影响、经济产出等三个维度的综合性比值，即资源环境共同约束下的投入产出效率。

进一步地，城市生态效率为本书主要的关注变量之一，它是将生态效率的关注对象集中在城市这一空间单元，并以城市空间范围内资源投入、环境影响、经济产出为综合评判对象的生态效率的具体化，与区域生态效率、农村生态效率在空间单元上形成一定的对应。

2.2 城市集群影响城市生态效率的作用机理分析

由前文分析可知，从动态角度看，城市集群是多个个体城市由孤立到融合、由个体发展到群体互动的演进过程。换句话说，从动态角度看，城市集群是一个“群化”过程，其本质是处于不同层级的多个城市由个体走向群体实现点状发展向面状发展，在融入城市体系的过程中，对城市自身及其周围城市经济、社会、资源与环境产生影响的复杂进程（Portnov 等，2000；Forstall 等，2009）②③。同时，研究还认为城市集群是各个城市之间生产、消费和贸易的集中，这种集中不仅为各种生产者提供市场，促进经济专业化和专业制造商的生产，而且为不同制造商的消费者和贸易提供便利（Bertinelli 和 Black，2004；Fang 和 Yu，2017）④⑤。随着城市逐渐融入

① BELTRáN E M, REIG M E, ESTRUCH G V. Assessing eco – efficiency: a metafrontier directional distance function approach using life cycle analysis[J]. Environmental Impact Assessment Review, 2017, 63:116 – 127.

② PORTNOV B A, ERELL E, BIVAND R, et al. Investigating the effect of clustering of the urban field on sustainable population growth of centrally located and peripheral towns[J]. International Journal of Population Geography, 2000, 6(2):133 – 154.

③ FORSTALL R L, GREENE R P, PICK J B. Which are the largest? Why lists of major urban areas vary so greatly[J]. Tijdschrift Voor Economische En Sociale Geografie, 2009, 100(3):277 – 297.

④ BERTINELLI L, BLACK D. Urbanization and growth [J]. Journal of Urban Economics, 2004, 56(1):80 – 96.

⑤ FANG C, YU D. Urban agglomeration: an evolving concept of an emerging phenomenon[J]. Landscape & Urban Planning, 2017, 162:126 – 136.

群体，不同地区凭借各自不同空间特性、资源禀赋、区位条件等要素形成了各异的经济活动方式，并通过影响市场主体的行为对城市产业分工、资源配置、结构变动、经济规模、人口规模等产生基础性影响。我们进一步将上述过程归结为以下三个维度：第一，城市集群发展引致市场整合变动，城市集群发展能够通过多种因素影响“群化”过程中城市个体的市场行为表现，从而影响地区市场整合度；第二，城市集群发展引致产业结构转型变动，即城市集群发展能够影响城市的产业发展、产业转移，并带来城市产业结构转型；第三，城市集群发展引致要素更大规模地流动，对于个体城市生产要素集聚存在一种兼具“集聚与疏散”的双向调节作用，并表现为不同城市之间、城市内部各种生产要素和空间经济活动集聚以及集聚后的再分散。在上述三个维度的共同作用下城市集群的动态演进对城市产生复杂影响，由于上述三个维度的动态演进过程均伴随资源配置、环境影响与经济产出，因此，这也导致城市集群对兼具“资源、环境、生产”三位一体的生态效率产生影响。据此，我们将城市集群影响城市生态效率的作用机制展开成三个维度进行分析。

2.2.1　城市集群、市场整合与城市生态效率

我们首先来看城市集群发展影响市场整合的作用机制。城市集群发展通常引致城市间三个维度的关系变化，分别是：城市间空间距离的变化、城市间技术差异的变化、城市间政府行为的变化。上述三个层面均从不同的维度对市场整合产生影响，进而影响城市生态效率。

2.2.1.1　城市集群发展影响市场整合的作用机制

（1）城市集群发展可以引致城市间空间距离的变化，进而弱化市场整合空间障碍。城市集群发展可以推动城市空间距离的变化，从城市集群的发育过程来看，集群程度的提升是城市数量由少到多，城市规模由小到大的持续变化过程，在这一过程中，城市之间的空间距离也随之变动，并出现逐渐缩小的趋势，诸如：城市空间外延导致原来较远的城市逐渐连成一体；某一城市的崛起，改变了原有不同城市空间距离较远的现状。研究指

出包含地理距离在内的自然因素是市场分割的一个原因（范欣，等，2017）[①]，而地理相邻的城市间更容易达成一体化，实现市场整合（张可，2018）[②]。因此，城市集群发展所引致的空间距离的变动会对地区市场整合产生影响。进一步地，随着空间距离的变动，地区间存在的空间溢出效应强弱的变化也会对市场整合产生影响。这表现在，与个体城市相比城市集群具有双重外部性（魏守华，等，2013）[③]，随着集群程度的提升，空间距离相对缩短，城市联系逐渐强化。空间外溢理论认为，某地的经济发展对其周边地区存在溢出效应（Lucas，1988）[④]，并且根据地理学第一定律，距离越近，溢出效应越明显。溢出效应将会对周边地区的经济发展产生影响，随着溢出效应的持续增加，以及众多城市的多向溢出，溢出效应的多重叠加将对区域经济增长产生持续影响，而经济的增长又会对市场有效整合产生正向促进作用。研究表明，经济发展与市场整合程度的提升存在正向的线性关系，地区经济增长较快，区域市场随之趋于整合，经济增长将对市场整合产生同方向的快速推进作用（柯善咨、郭素梅，2010）[⑤]。

（2）城市集群发展通过影响地区技术差异从而影响市场整合。研究表明，较发达地区在高技术产业拥有比较优势，并且具有较快的技术进步速度；落后地区则相反，技术差异在两个地区引发了不同的市场分割态度，落后地区通常采取分割市场的政策，而发达地区则更倾向于推动市场整合（陆铭，等，2004；陈敏，等，2008）[⑥⑦]。现有以京津冀为对象的实证研究

---

① 范欣，宋冬林，赵新宇．基础设施建设打破了国内市场分割吗？[J]．经济研究，2017，52（2）：20－34.

② 张可．区域一体化有利于减排吗？[J]．金融研究，2018（1）：67－83.

③ 魏守华，李婷，汤丹宁．双重集聚外部性与中国城市群经济发展[J]．经济管理，2013，35（9）：30－40.

④ LUCAS R E. On the mechanics of economic development [J]. Journal of Monetary Economics. 1988, 22（1）：3－42.

⑤ 柯善咨，郭素梅．中国市场一体化与区域经济增长互动：1995—2007年[J]．数量经济技术经济研究，2010，27（5）：62－72，87.

⑥ 陆铭，陈钊，严冀．收益递增、发展战略与区域经济的分割[J]．经济研究，2004（1）：54－63.

⑦ 陈敏，桂琦寒，陆铭，等．中国经济增长如何持续发挥规模效应？——经济开放与国内商品市场分割的实证研究[J]．经济学（季刊），2008，7（1）：125－150.

也同样支持了地区间技术差异对于市场分割的影响，研究指出技术差距的扩大将不利于地区市场的整合，降低技术水平差距对市场整合起到促进作用（谢姗、汪卢俊，2015）①。而城市集群发展则通过改善城市间要素流动与空间距离对这一作用路径产生影响。在城市集群发展初期，不同城市间存在因多种原因引致的劳动者素质差异、技术熟练程度差异，落后地区往往采取更高程度的市场分割措施，从而对地区市场整合产生不利影响。随着城市集群不断推进，以交通运输网络和信息通信技术等为代表的基础设施的改善大大提升了城市生产活动的空间邻近，并引致经济密度的不断增加，由此引致创新要素的不断集聚及浓厚的创新氛围，推动区域创新水平的提升。进一步地，由于存在空间邻近，生产技术的交流与扩散不断增强，个体城市不仅能够通过技术创新提升自身经济发展水平，还可以通过诱发技术溢出效应推动其他经济主体发展水平的提升。随着城市集群不断推进，地区间技术的结构性差距逐渐减少，原本由于技术结构差距引发的经济不平衡及市场分割也将持续受到影响，进而作用于整个地区的市场整合程度。

（3）城市集群发展通过影响政府行为进而作用于市场整合。将城市集群发展推向合作、共享、互利、互惠的良好态势，并对城市自身产生有益影响的良好预期通常成为城市群原位城市以及新进城市政府部门进行经济行为的重要驱动力，而这一重要行为也将通过影响地区市场整合进而作用于城市生态效率。首先，城市集群发展影响财政支出，存在增长效应。一方面，为推动经济发展，个体城市会通过增加财政支出来影响本地经济，政府支出的增加可以提高资本的边际生产率，而资本边际生产率的提高将会有利于本地区经济的增长。另一方面，城市集群演进过程中，不同城市不仅初始经济发展存在异质性，而且随着城市集群不断推进，不同地区基于自身利益和共同利益的追求，政府行为将会更加复杂，这都将通过影响

---

① 谢姗，汪卢俊．转移支付促进区域市场整合了吗？——以京津冀为例[J]．财经研究，2015，41(10)：31－44.

地方政府支出而影响经济发展。由于地方政府策略性互补行为的存在(Akai 和 Suhara，2013)①，一个地区的财政支出增长将引起周围地区的支出增长（贺达、顾江，2018)②，这将进一步通过财政支出的增长效应对地区经济发展产生影响。其次，研究指出政府财政支出行为存在空间效应。戴宏伟、张斯琴（2018)③ 认为财政公共支出增加不仅有助于提高本城市效率，并且对周边城市效率也具有明显的促进作用，宋丽颖、张伟亮(2018)④ 认为地方政府社会、文教等保障支出和消费支出可以有效促进本地经济增长，并且对其他地区具有正向溢出效应，然而经济发展支出却存在负向溢出效应；郝宏杰（2017)⑤ 则认为财政总支出、教育、科技等支出均有利于当地服务业的发展，进一步地，财政总支出、教育支出对周围其他城市存在正向空间溢出，而科技和公共交通支出则带来负向空间效应。尽管学者对于支出的空间效应存在一定分歧，但政府支出的空间效应确实对周围地区经济发展产生影响，总的来说，随着城市集群不断推进，政府支出的本地增长效应与空间效应将同时对城市经济发展水平产生影响，从而影响市场整合进程。此外，在集群发展过程中，联系日益密切的地方政府往往会出台更为直接的制度政策来影响市场整合进程，例如城市群协调发展委员会的成立对于打破行政藩篱、推动市场整合具有正向促进作用。

2.2.1.2 市场整合影响城市生态效率的作用机制

前文分析表明，城市集群发展对地区市场整合产生影响，而市场整合的变动则会进一步对城市生态效率产生影响。

---

① AKAI N, SUHARA M. Strategic Interaction among local governments in Japan: an application to cultural expenditure[J]. The Japanese Economic Review, 2013, 64(2):232 - 247.

② 贺达,顾江．地方政府文化财政支出竞争与空间溢出效应——基于空间计量模型的实证研究[J]．财经论丛,2018(6):12 - 23.

③ 戴宏伟,张斯琴．公共支出的空间溢出效应对城市效率的影响——以京津冀蒙为例[J]．中央财经大学学报, 2018(6):119 - 128.

④ 宋丽颖,张伟亮．财政支出对经济增长空间溢出效应研究[J]．财政研究,2018(3):31 - 41.

⑤ 郝宏杰．财政支出、空间溢出效应与服务业增长——基于中心城市数据的空间杜宾模型分析[J]．上海财经大学学报(哲学社会科学版), 2017(4):79 - 92.

（1）市场整合程度的变动及其提升可以降低企业或者产业集聚过程中的贸易壁垒及相关的贸易成本等。一方面，贸易壁垒及贸易成本的降低，可以有效提升企业生产利润及其生产积极性，便于企业对于利润的累积和再生产的扩大；另一方面，贸易壁垒及成本的降低还推动了商品与要素流动，为集聚创造了外部有利条件，由于集聚过程中学习效应的存在，这就使得更多企业可以从要素流动中获取溢出效应，从而提升多个企业或者整个行业的生产效率及扩大再生产能力，并获取更多的正外部性。而一旦与污染排放最为密切的绿色生产技术投放市场，市场整合则能够弱化绿色生产技术的流通障碍，降低其贸易成本，有利于提升环保技术的空间覆盖与市场运用，最终减少污染排放，改善城市生态效率。已有研究也表明技术尤其是环保技术的有效传播和共享将会改善环境效应（Dong et al.，2012；邓玉萍、许和连，2013）[①②]。

（2）市场整合能够对地区产业结构产生影响，降低地区产业同构，减少资源浪费与环境污染，提升生态效率。当市场整合程度较低时，凭借地方保护形成了市场分割及贸易壁垒引致高昂的贸易成本。那些具有比较优势的地区由于投资成本的存在削弱了其对资本的吸引力，资本被迫向比较优势较弱甚至不具备比较优势的地区转移，资源无法优化组合，依靠要素禀赋的比较优势发展相应产业的一般性规律不再发挥作用（赵树宽，等，2008）[③]，并最终导致区域分工不合理、产业结构趋同。而产业结构趋同则引发城市间大量的重复建设，并导致产能过剩、资源浪费，效率配置的损失，从而不利于生态效率的改善。随着市场整合程度逐渐提升，一方面，产业跨区域转移的障碍将减少，地区产业转移则对经济结构重构产生影响；另一方面，由于要素进入成本的降低，推动各地区凭借不同比较优势

---

① DONG B, GONG J, ZHAO X. FDI and environmental regulation: pollution haven or a race to the top? [J]. Journal of Regulatory Economics, 2012, 41(2):216－237.

② 邓玉萍，许和连．外商直接投资、地方政府竞争与环境污染——基于财政分权视角的经验研究[J]．中国人口·资源与环境，2013，23(7)：155－163.

③ 赵树宽，石涛，鞠晓伟．区际市场分割对区域产业竞争力的作用机理分析[J]．管理世界，2008(6)：176－177.

培育新的经济增长点可以获得充分的发展空间和资金或者技术支持，这将不断推动产业结构的升级；在上述两方面要素的共同作用下，地区资源得到整合，地区产业同构现象得到缓解，产业结构逐渐优化，经济发展质量提升，环境污染降低。

（3）市场整合对于城市生态效率的影响还体现在对于污染性产业的影响上。这突出表现在市场整合程度的变动能够影响污染性产业的区位选择以及集聚与扩散。一方面，市场整合程度的提升能够通过进口替代效应降低污染类产业的区位选择和污染类企业的生产；另一方面，地区市场整合程度存在差异可能会引起污染产业的地区性转移，并引发生态效率在不同地区的变动。具体来看，市场整合程度的提升降低了贸易成本和壁垒，促成了贸易产品流动的外界有利条件，已有文献指出贸易的环境效应依赖于比较优势，而是否具备比较优势则取决于环境政策和要素禀赋，贸易壁垒的弱化会引致那些污染产业具有比较优势的国家和地区相应产业的比重增加，而干净产业具有比较优势的国家和地区的污染产业则比重降低（Copeland 和 Taylor，1994）①。对于存在较为严格环境监管和较高环境生产成本的地区，由于其环境要素不具备比较优势，减少生产甚至不生产具有污染性质的产品，增加同类产品的外界输入成为其选择，这一过程所产生的本地商品替代效应能够削减产品输入地污染产业比重，进而减轻环境污染。随着市场整合程度的不断提升，对于污染性产品的替代性进一步增强，一旦相邻地区采用类似进口替代，并降低市场分割，污染性产业和产品的进口替代效应则随之空间扩大化，整个地区污染性产业比重下降，污染排放相应减少。相反的，对于市场整合程度较低且环境成本较低的地区，由于环境要素不构成其产业发展以及企业选址的重要影响因素，企业对环境污染治理成本的地区差异敏感性较低，这就可能导致污染性企业或者产业在空间上的集聚。同时，对于市场整合程度较低的地区来说，企业

---

① COPELAND B R, TAYLOR M S. North – South trade and the environment[J]. The Quarterly Journal of Economics, 1994, 109(3):755 – 787.

在生产过程中对于资本的流动性偏好要强于产品的流动性偏好（豆建民、崔书会，2018）①，而市场潜力、前后向联系等集聚因素对产业区位效应的作用更大（孙军，2009；Mulatu et al.，2010）②③，上述多种因素进一步加剧了污染性企业的空间集聚，并难以向周围扩散，从而影响城市生态效率。

综上所述，基于市场整合路径的城市集群发展影响生态效率的作用机制如图2-1所示。根据分析，我们形成如下待检验假设，假说1：城市集群发展存在市场整合效应，即城市集群发展能够通过推动市场整合进而对城市生态效率产生影响。假说2：由于城市集群程度的差异，城市集群发展的市场整合效应存在异质性，路径强弱存在差异。

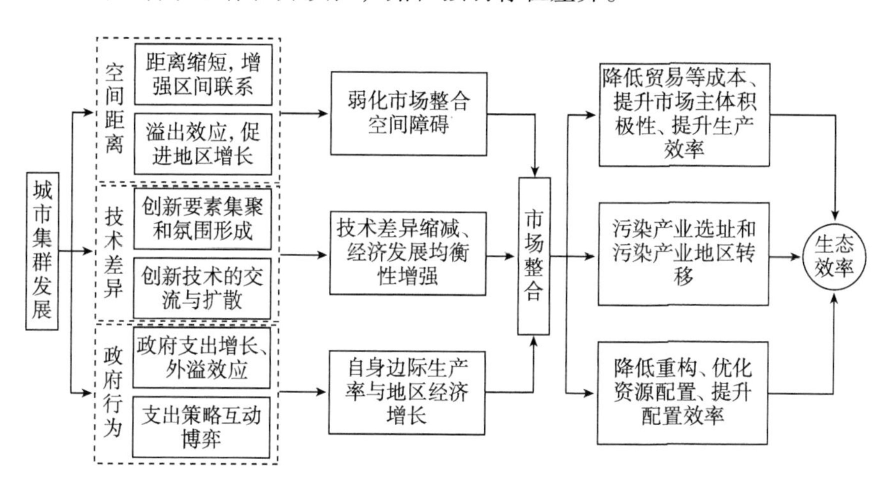

图2-1　基于市场整合的作用路径

2.2.2　城市集群、结构转型与城市生态效率

无论是从政策大力推动城市群建设，还是从中国城市集群程度演变的趋势来看，城市集群发展已成为趋势所在，同时，产业的发展与结构转型

① 豆建民，崔书会．国内市场一体化促进了污染产业转移吗？[J]．产业经济研究，2018，95(4)：80-91.

② 孙军．地区市场潜能、出口开放与我国工业集聚效应研究[J]．数量经济技术经济研究，2009(7)：47-60.

③ MULATU A，GERLAGH R，RIGBY D，et al. Environmental regulation and industry location in Europe[J]. Environmental and Resource Economics，2010，45(4)：459-479.

又对生态环境产生重要影响。因此，较为系统地厘清城市集群影响产业结构转型进而作用于生态效率的机理很有必要。接下来，立足于已有研究，我们将试图拓展并完善城市集群发展通过影响产业结构转型继而作用于生态效率的动态过程。我们首先来看城市集群发展对于产业结构转型的影响。

2.2.2.1 城市集群发展对于产业结构转型的影响机制

（1）城市集群发展能够提供并持续优化产业结构转型的空间载体。空间对于生产的重要性不言而喻，Lefebvre 和 Nicholson（1991）① 认为城市空间及其各种基础设施均可以看作生产资本的一部分，将空间视为一种普通的生产要素是现代资本主义的生产模式。在城市生产过程中，产业结构的变动尤其是产业结构的转型升级需要空间载体，而城市集群发展可以更好地发挥空间载体的优势，从而推动产业结构的调整。这是由于，一方面，城市集群发展相比于相对独立的城市个体可以更好地满足企业生产的选址与动态调整过程，企业生产过程伴随地租、工资水平、资源、市场的变动，个体城市在企业生产初期可以满足这一要求。随着地租、工资水平等企业生产密切相关的要素超出企业承受范围或是难以满足企业主动选择，企业选址变动就会成为企业存续的重要考量要素，而城市集群发展便为企业存续提供了良好外界条件。由于生产要素流动性加强，城市间联系紧密，城市集群发展不仅可以满足企业生存发展需求，提供资本、技术、人才等源源不断的优质高端资源的支持，还可以为诸如制造业及其服务化提供更加广阔的消费市场和劳动力市场，进而推动产业结构转型升级。已有研究指出，随着工业化的发展，单一中小城市由于资源的单一性和信息交流的高度同质性已难以为产业结构升级提供更为有效的发展空间（陈建军，等，2009）②，而推进城市集群发展可以有效缓解这一不利因素。

---

① LEFEBVRE H, NICHOLSON - SMITH D. The production of space[M]. Blackwell: Oxford, 1991.

② 陈建军,陈菁菁,黄洁. 空间结构调整:以加快城镇化进程带动产业结构优化升级[J]. 广东社会科学,2009(4):13 - 20.

另一方面，城市集群发展还能够通过强化城市角色分工、维持城市层级体系来影响城市产业结构转型。根据城市群理论可知，特定城市集群在发育成长过程中包含了不同规模、不同职能、不同等级的多个城市个体，并凭借动态演进形成了“核心—边缘”的空间结构。在集群演化过程中，最初的优质要素集聚的核心城市由于集聚规模的持续扩大而产生负外部性时，转型升级成为必然选择。在产业升级过程中，核心城市将相对低端的产业转移到边缘地区，同时释放更多空间资源用于集聚更优质的要素，从而推动自身产业的良性发展与优化升级；边缘地区则凭借其相对优势对那些在核心城市中处于相对劣势的传统产业的吸引力不断增强，通过承接产业转移发展制造业及相关服务业，形成一系列产业集群或产业园区，同时积极培育自身优势和特色产业以及部分高端产业，最终推动自身产业转型升级。但由于异质性要素和不可流动要素的存在，“核心—边缘”城市的集聚要素类型存在区别。通常来说，高级要素集聚在核心城市或高等级城市，同时又由于该类城市更为优越的集聚环境而实现高级要素的循环累积，并最终促成产业转型升级过程中的高端产业和新兴产业的顶端优势；而低级要素则往往选择边缘城市和低等级城市，并因循环累积效应而形成中低端产业的主导优势，在上述因素的共同影响下，城市产业结构转型产生动态演进。

综上，我们认为，一方面城市集群发展为企业或者产业的生产发展提供了相对于城市个体更为丰富的要素和更为便利、更为广阔的要素流动性空间，这一优势倾向于从整体上对产业转型升级产生影响；另一方面城市集群发展因为动态演变存在较为显著的空间结构特征，这一特征则倾向于对不同城市产业转型升级产生影响，换言之，它更多地引致了产业转型升级的地区异质性。

（2）城市集群发展可以更好地促进分工，通过增强规模经济效应与多样化集聚进而推动产业结构转型。城市集群发展既是分工和规模经济的结果，同时也是进一步促进分工和规模经济的持续动力机制，从而对城市产业转型升级产生影响。产业的培育与发展是企业生产与集聚的结果，产业转型升级离不开企业不断发展壮大，这就要求企业竞争力持续不断提升，而竞争力提升依赖于规模经济。城市集群发展对于提高规模经济具有重要作用，一方面，城市集群发展能够强化知识、技术、信息等生产要素在地区之间的流动，从而有利于生产成本的降低，增强企业产品利润及其再生产能力；另一方面，城市集群发展进一步推动了生产集聚与扩散，使得城市间分工与联系进一步加强，推动了价值链的延伸和价值链上各个阶段的分工，这进一步促使每个环节专业化生产规模的扩大和规模效率的提升，从而增强企业竞争力和产业生命力，最终对产业转型升级起到促进作用。

规模经济效应的获得直接降低了企业的生产成本，提高了其利润获得能力，而城市集群发展带来的多样化集聚则从更广的角度上对产业结构转型产生影响。这主要表现在城市集群发展能够推动多样化集聚，增强产业结构转型升级的自我调整能力与风险抵抗力。根据生命周期理论，产业发展具有阶段性和周期性，已有研究认为，对于一些中小城市或者生产结构较为单一的经济体来说，与大都市或者城市群相比，其难以应对外来不良冲击，并对地区经济发展带来一种潜在风险（陈建军，等，2009；黄建欢，2016）①②，这就使得产业的转型升级以及在遭遇外来不良冲击时难以具备有效的自我修复和抵抗力。同时，研究还指出，相对于多样化经济而言，专业化经济存在的知识溢出效应和技术创新能力可能处于相对弱势（Glaeseretal et al.，1992；Feldman 和 Audretsch，1999；李学鑫、苗长虹，2009）③④⑤，本书认为这一特征也可能造成城市规模较小、城市集群程度较低的地区产业转型因为难以获得更为有效的转型动力而存在转型困难与惰性。进一步地，相对于城市个体，处于群体中的城市能够获得数量更多

① 陈建军，陈菁菁，黄洁．空间结构调整：以加快城镇化进程带动产业结构优化升级[J]. 广东社会科学，2009(4)：13-20.

② 黄建欢．区域异质性、生态效率与绿色发展[M]. 北京：中国社会科学出版社，2016.

③ GLAESER E L, KALLAL H D, SCHEINKMAN J A, et al. Growth in cities[J]. Journal of Political Economy, 1992, 100(6):1126-1152.

④ FELDMAN M P, AUDRETSCH D B. Innovation in cities: Science-based diversity, specialization and localized competition[J]. European Economic Review, 1999, 43(2):409-429.

⑤ 李学鑫，苗长虹．多样性、创造力与城市增长[J]. 人文地理，2009，24(2)：7-11.

的、更加多元化的发展机遇，这对于产业发展来说至关重要。由于具有更强的空间整合功能，城市群能够将更加多样化的市场主体以及由这些市场主体创造的知识技能、市场需求等更加有效地配置于各个城市，从而实现在生产上促进企业的发展，在消费上增进企业产品的有效需求，最终实现企业以及产业的发展壮大及转型升级。

2.2.2.2　产业结构转型对于城市生态效率的影响机制

接下来，我们分析产业结构变动对于城市生态效率的影响。产业及产业结构变动与生态环境的关系内容丰富，但多数研究集中在产业性质或产业结构高度化对于环境污染的影响，相对而言产业结构合理化与环境污染的研究较少，同时相应的作用机制分析也不多见。由于已有文献通常将产业结构转型分为产业结构高度化、产业结构合理化两个维度，因此，在前人研究的基础上本书就产业结构转型对生态效率的影响机理主要从如下层面展开：

（1）产业结构高度化对生态效率的作用机制。产业结构高度化演进能够影响生态效率。既有文献认为，产业结构高度化是指产业结构的整体素质改善和效率水平的提升，既包含产业比例关系的演进，又包含劳动生产率的提高（刘伟，等，2008；张辉，2015）①②。在产业结构高度化演进过程中存在核心产业提升效应、产业技术进步效应，二者共同作用于生态效率。

首先来看核心产业提升效应。产业结构高度化的推进离不开地区核心产业发展的支撑，由于地方经济发展政策制定者对于核心产业生产发展、地方经济发展绩效和政府考核绩效的要求，以及企业、产业自身对于规模与效率、企业利润和市场竞争力的不断强化，核心产业通常能够形成地区优势或者比较优势，并伴随循环累积效应；这将对其产出规模、技术水平、资源利用能力、污染物排放等多个方面造成持续影响，而上述因素则

① 刘伟，张辉，黄泽华．中国产业结构高度与工业化进程和地区差异的考察[J]．经济学动态，2008(11)：4－8.

② 张辉．我国产业结构高度化下的产业驱动机制[J]．经济学动态，2015(12)：12－21.

共同作用于生态效率水平。若核心产业表现为以传统第二产业为主，则由于污染规模和行业性质的相对不确定性造成生态效率变动方向的不稳定；若核心产业表现为先进环保的高端制造业或污染较低的第三产业，则会对生态效率产生正向促进作用。

接着来看产业技术进步效应。由产业结构的高度化演进实质可知，其不但是量的提升，更是质的改变。因此，高度化演进存在产业技术进步效应。产业的技术创新和技术进步首先作用于其发端产业和发端地区，随着城市集群不断推进，在经济交往以及技术信息的流动过程中对其他地区乃至有价值链分工的行业产生影响，最终有利于更广地域范围和更多产业类型的资源利用效率和劳动生产率的不断提升，从而作用于生态效率的变动；若上述技术进步直接表现为绿色环保技术，则其扩散效应带来的生态效率的提升更为明显。

（2）产业结构合理化对生态效率的作用机制。产业结构合理化能够影响生态效率。产业结构合理化即产业间的聚合质量，表征了不同产业的协调程度以及资源利用的有效性程度（干春晖，等，2011）[①]。由产业结构合理化的实质内涵可知，合理化在于强调资源利用的有效性，并由此推动不同部门产业聚合质量的提升。因此，我们认为合理化程度的提升意味着资源配置效率的提升，也即产业结构合理化演进存在资源配置优化效应。这突出表现在让资源从低效率生产部门向高效率生产部门自由流动，这一流动促使原有的固定数量的资源能够在更高效率的部门产生更多的边际效益，同时也客观上刺激了低效率生产部门和行业的主动改革和被动淘汰，最终有利于实现生产要素在不同效率部门的合理配置。此外，那些效率高、生产能力强的部门和行业通常具备更强的环保意识和污染治理能力。综合来看，资源优化配置一方面促使了生产效率的提升，增强了综合产出能力；另一方面实力得到进一步增强的生产部门和行业也使得污染与环保

① 干春晖，郑若谷，余典范．中国产业结构变迁对经济增长和波动的影响［J］．经济研究，2011，46(5)：4－16，31.

治理效果得到改善，上述共同作用于生态效率的变动。

产业结构的合理化还表明区域专业化生产得到加强（黄建欢，2016）[①]。经济发展过程中，某一地区凭借要素禀赋优势逐渐形成具有一定市场竞争力的产品，进而获得良好的经济效益。在此基础上，大量企业集聚和产业集群逐渐形成，并带来生产发展的多维邻近[②]，这将有利于企业间知识传递、技术与信息共享，以及运输成本的降低，从而使得专业化生产逐渐强化。专业化生产则从两个方面对生态效率产生影响，一方面，专业化生产意味着要素的集聚以及MAR外部性的形成（ÓHuallacháin和Lee，2011）[③]，从而推动技术进步和生产效率的提升。另一方面，由于专业化生产通常表征生产规模的扩大和生产类型的相对单一，若专业化生产是由高污染、高耗能行业集聚而成，则对生态效率的提升带来不利影响。同时，已有研究还认为，尽管邻近对创新存在有利影响，但当多维邻近超过一定限度时，其对地区创新、经济发展可能存在约束（李琳、韩宝龙，2011；李琳，2014）[④⑤]。总之，产业结构合理化演进存在专业化效应，并对生态效率产生影响。

前文较为系统地论述了城市集群发展影响产业结构转型，以及产业结构转型影响城市生态效率的作用路径，综合而言，其直观作用路径如图2－2所示。

最后，基于以上分析，我们提出假说3：城市集群发展存在结构转型驱动效应，能够通过推动结构优化与调整影响城市生态效率。

---

① 黄建欢．区域异质性、生态效率与绿色发展[M]．北京：中国社会科学出版社，2016.

② 多维邻近，国内学者李琳将其分为：地理邻近、社会邻近、组织邻近等三个维度（李琳、韩宝龙，2011；李琳，2014）。在上述邻近中，地理邻近因空间距离障碍的弱化对于知识、信息等要素的传播与溢出具有较强的直接作用，而社会邻近因认知的相似性对企业生产过程中知识、信息等要素的传播、吸收与应用产生重要影响。

③ Ó HUALLACHáIN B，LEE D S. Technological specialization and variety in urban invention[J]. Regional Studies，2011，45(1)：67－88.

④ 李琳，韩宝龙．地理与认知邻近对高技术产业集群创新影响——以我国软件产业集群为典型案例[J]．地理研究，2011，30(9)：1592－1605.

⑤ 李琳．多维邻近性与产业集群创新[M]．北京：北京大学出版社，2014.

我们知道，城市集群是城市要素集聚在空间上的进一步扩大化，而已有研究指出，要素集聚类型的差异可能对于产业结构的变迁产生不同影响（焦勇，2015）[①]，因此，城市要素集聚模式的差异化也有可能影响城市集群作用于生态效率的产业结构转型路径。可见，城市集群程度的提升对于不同城市的产业发展及结构调整可能存在不同影响，进而影响城市生态效率作用机制的强弱。进一步地，我们提出假说4：集群发展的结构转型驱动效应存在异质性，进而引致其对生态效率作用机制的强弱。

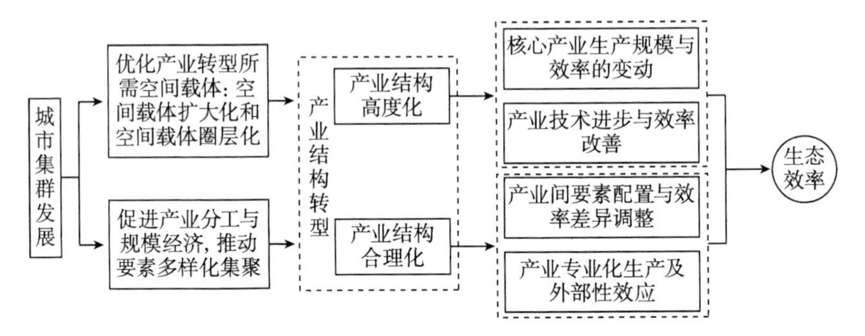

图2－2　基于产业结构转型的作用路径

2.2.3　城市集群、要素集聚与城市生态效率

2.2.3.1　人口集聚与生态效率

人口在城市集聚，一方面，为城市带来了生产的变动，我们将之描述为人口集聚通过影响劳动生产率进而对生态效率产生影响，主要存在于人口集聚带来的人力资本提升效应与规模效应；另一方面，人口向城市集聚，又引致了大量消费需求，诸如公共服务消费需求和个人消费需求，这一变动对于当前新型城镇化与城市集群背景下的中国而言更为明显，我们将之描述为人口集聚通过影响消费进而作用于生态效率，主要存在于人口集聚带来的规模、集约效应与示范效应。具体来看：

（1）人口集聚对劳动生产率产生影响，进而作用于生态效率。人口在

① 焦勇．生产要素地理集聚会影响产业结构变迁吗[J]．统计研究，2015，32(8)：54－61.

城市的集聚是人口在三次产业间转移的空间结果的表征，城市快速增加的非农就业人口不仅带来了更为先进的知识和更高的劳动力素质，提升了人力资本；同时也增强了城市生产发展的资本积累、提升了资本的边际生产率和财富创造效应，以及资本的循环累积效应。人口的集聚最终带来城市劳动生产率的快速提升，已有研究也论证了这一现象，认为非农就业密度的提升给劳动生产率的提升带来了巨大的杠杆效应（Ciccone 和 Hall，1996）①，可见，人口集聚能够提高城市内劳动者的生产率，当这一作用效果呈现于更多的生产部门时，整个城市的生产率便随之提升。

通过考察人类经济发展过程中产业转型升级进程以及产业区位类型的演变或选址演进过程，诸如传统资本密集型和资源密集型行业的衰落，知识密集型和高新技术产业的飞速发展，我们进一步认为，人口集聚对于城市劳动率的提升以及整个城市生态效率的影响不仅体现在其对于生产率水平的改善，还体现在生产过程中人力资本相对于物质资本更为环保。研究表明，与物质资本相比，人力资本是更为清洁的生产要素（黄菁，2009）②。优质的人力资本可以为企业生产创造更多的清洁技术，选择人力资本驱动生产能够比物质资本更为环境友好；由于人力资本能够提供更为直接的技术支持，资源与能源利用效率得到提升，同时污染排放被遏制在生产源头，部分负外部性被内部化处理，这都将对生态效率产生影响。

尽管人口的集聚能够有效推动城市生产率的提升，然而，一旦城市人口密度过大，集聚程度超出城市综合承载力或城市最优人口规模，便会带来人口集聚的负面效应，比如过高的生活成本和通勤成本等不良因素会制约人力资本的生产积极性，进而影响城市生产率的提升。

（2）人口集聚引发消费需求变动，对污染排放产生影响，进而影响生态效率。人口集聚对于污染排放及相应的生态效率的影响主要体现在两个

---

① CICCONE A, HALL R E. Productivity and the density of economic activity[J]. American Economic Review, 1996, 86(1):54-70.

② 黄菁. 环境污染、人力资本与内生经济增长：一个简单的模型[J]. 南方经济，2009(4)：3-11,67.

不同的层面。

一是人口集聚通过规模效应促进消费的快速提升，进而引发污染排放总量的增加。人口向城市的不断集聚最为直接地带动了城市消费的快速增长，原有居民和新进城市居民的消费结构和消费需求也随之改变。一方面，带来了以能源消费为主的资源的快速消耗，这将直接作用于并增大生态效率测算过程中的投入变量，对生态效率产生不利影响；同时，人口的大量集聚还引发碳排放的快速增加，以及生活污水、生活垃圾、大气污染物等对生态效率产生直接影响的不良产出变量。正如已有研究指出，人口向城市集聚存在显著的生态环境效应，并且认为人口的快速集聚和城市规模的快速扩张及不合理蔓延给生态环境带来了沉重压力（罗能生，等，2013；罗能生、张梦迪，2017；王家庭，等，2014）①②③。另一方面，进一步的研究还指出，尽管人口集聚能够推动人力资本在城市集聚，并对城市经济发展产生巨大的提升作用，但环境的恶化却反向作用于人力资本，通过影响人们对于生活环境的偏好性选择以及延缓甚至损害人力资本积累渠道拖累经济发展质量（陈诗一、陈登科，2018）④。

二是人口集聚可以通过集约效应与示范效应等减缓单位污染排放以及实现绿色消费意识、环保意识和环保能力的提升，从而有利于生态环境的改善以及生态效率的良性提升。

城市人口的集聚带来集约效应，突出表现在社会化公共服务的集约式提供能够最大限度地满足高密度人口的需求。一方面，城市工业化发展提供了能够满足人口集聚需求的公共基础设施服务，诸如公共交通服务系统和治污排污系统，这就减少了不必要的资源浪费，提升了公共资源的利用效率；同时，由于基础设施的提供必需以城市建设用地为空间载体，因此

① 罗能生，李佳佳，罗富政．中国城镇化进程与区域生态效率关系的实证研究[J]．中国人口·资源与环境，2013，23(11)：53－60.

② 罗能生，张梦迪．人口规模、消费结构和环境效率[J]．人口研究，2017，41(3)：38－52.

③ 王家庭，赵丽，冯树，赵运杰．城市蔓延的表现及其对生态环境的影响[J]．城市问题，2014(5)：22－27.

④ 陈诗一，陈登科．雾霾污染、政府治理与经济高质量发展[J]．经济研究，2018，53(2)：20－34.

大量公共基础设施的提供还有效提升了土地这一基本且不可再生资源的利用效率。另一方面，人口集聚还便于建立集约化的城市管理制度，诸如环境污染惩罚制度，通过降低城市管理成本、提高管理效率，覆盖更多的管理受众群体，最终凭借良好的全局性管理与统筹安排实现污染物的减少和生产效率的提升。

人口集聚带来的消费规模效应可能会带来污染总量的提升，而绿色消费意识的提升则是降低这种污染的一个良好的补充，能够对污染排放和不合理消费产生一种抑制作用。已有研究还表明，城市人口集聚存在显著的同群效应，由于个体活动会受到邻里行为示范效应的影响，新进入城市的移民会受原住居民的影响从而提高自身的环保行为和环境知识水平，规模较大的城市将更有利于实现环保（郑怡林、陆铭，2018）①，

综上所述，我们认为，人口集聚对生态效率的变动产生影响，当以集约效应和示范效应为外在表现时，多呈现出对于生态效率的推动作用；当呈现出过度集聚与规模效应时，尽管可能存在一定的规模减排效应，但人口集聚通常表现为一种负外部性和负向效应，并带来污染排放与生态破坏，制约生态效率的改善。

2.2.3.2　产业集聚与生态效率

产业集聚引发外部效应与规模效应，并在动态演化过程中表现为产业专业化、多样化带来的技术共享、创新，以及产业规模扩张等能够对生态效率产生影响的作用路径。具体来看：

（1）集聚对技术创新产生影响，进而作用于城市生态效率。通常认为，创新有利于生产效率的提升，并伴随单位产品资源消耗和污染排放的减少，如果集聚对创新产生影响，那么也会对生态效率产生影响。在城市经济增长过程中，产业集聚通常表现为专业化集聚与多样化集聚，二者在动态演进过程中均对创新存在影响。首先来看城市专业化对于技术创新的

---

① 郑怡林，陆铭．大城市更不环保吗？——基于规模效应与同群效应的分析[J]．复旦学报（社会科学版），2018，60（1）：133－144.

影响。专业化对于创新存在影响，这在 MAR 外部性理论中得到较为详细的解释，并认为建立在知识溢出效应基础上的创新主要源于专业化生产过程中大量企业的劳动力共享、投入共享、互相学习等机制。专业化集聚引致大量的劳动力需求，能够吸引大量拥有专业技能的劳动力的集聚，并由此形成可供区域内企业进行自由、充分选择的劳动力蓄水池。专业化集聚还会引发区域内企业对于投入品在相同或相近时段的大量需求，由此引发服务的供应与共享。同时，专业化集聚还要求市场参与者拥有专业技术并在集聚过程中分享共同的技术，从而引发学习效应及知识溢出。上述不同机制对专业化生产区域创新水平产生影响，继而作用于经济发展的量与质。与此同时，大量的研究也证实了专业化集聚对于创新存在影响（Henderson，1995；Fritsch 和 Slavtchev，2010）①②。接着来看城市多样化对于技术创新的影响。多样化对于创新存在影响，这在 Jacobs 外部性理论中得到较为详细的解释。该理论认为城市是多样化个体的集聚，将带来大量个体的相互作用，由此引发城市发展过程中大量新思想、新产品、新技术的产生，并诱导大量知识溢出和资源的重新组合和有效利用，从而更好地促进经济发展。现有研究也论证了多样化集聚通过外部性对创新产生的影响（Henderson et al.，1997；李学鑫、苗长虹，2009）③④，当多样化集聚更多地表现为高新技术产业、战略性新兴产业和绿色环保等产业时，多样化集聚表现出的外部性将对上述兼具技术与环保效应的产业带来有利外部条件，企业间节能减排技术以及先进技术成果的转化和市场投放、更新速率更加迅速，上述因素将在促进经济发展的同时降低污染，最终对生态效率产生影响。

---

① HENDERSON V, KUNCORO A, TURNER M. Industrial development in cities[J]. Journal of Political Economy, 1995, 103(5):1067 - 1090.

② FRITSCH M, SLAVTCHEV V. How does industry specialization affect the efficiency of regional innovation systems? [J]. The Annals of Regional Science, 2010, 45(1): 87 - 108.

③ HENDERSON V. Externalities and industrial development[J]. Journal of Urban Economics, 1997, 42(3):449 - 470.

④ 李学鑫,苗长虹. 多样性、创造力与城市增长[J]. 人文地理, 2009, 24(2):7 - 11.

（2）产业规模扩张对生态效率产生影响。产业规模扩张在促进产品数量、产值总量增加的同时也造成了污染排放与资源消耗的不稳定，并作用于生态效率。产业集聚最为直接地表现为生产要素在某一特定空间范围或者某一特定区位的集聚，并由此引发相同或相近生产部门的集聚与快速扩张。在这一过程中，以劳动力等为代表的要素带来了更多的产品数量与产品价值，继而吸引更多要素的集聚，凭借循环累积效应推动相应生产部门的产值和市场竞争力的提升，最终带来企业与产业生产规模的扩张，而这一规模扩张过程则在其不同阶段对生态效率产生不同影响。在规模扩张初期，产业通常伴随较低水平的集聚，在这一阶段，为快速占领市场，企业多采取粗放式生产与经营方式，原有的生产、管理水平与节能减排技术更新滞后，致使企业规模在迅速扩张的同时，环境保护未得到足够重视，先污染后治理或者先污染不治理的现象常态化，污染排放与资源消耗快速增长；加之企业或产业生产的外界环境尚不完善，这一时期生态效率呈现较大不稳定性甚至下降。已有研究也表明，在集聚与污染的非线性表征过程中，早期的规模或集聚往往与环境处于二者“U”形关系中的下降阶段（沈能，2014）[①]，也即集聚带来了污染的增加以及环境的破坏。在规模扩张的中后期，由于市场竞争的加剧，企业淘汰机制逐渐形成，效益低、产值小的企业难以为继，被迫转型或退出市场；另一部分企业因环保需要和环境规制的持续性影响以及污染的高惩罚机制，也被迫退出市场竞争；在这一阶段那些仍以粗放型增长为模式的企业和产业逐渐被淘汰，取而代之的是兼具规模、效益与高技术含量的市场竞争力较强的企业和产业，同时那些环保技术偏好或能够有效应对环境规制的生产厂商得以存续。上述经过市场充分竞争和政府规制调节下的企业共同构成专业化生产和产业规模扩张的中后期阶段；此时，企业以相对专一化产品为主，相互之间形成良好分工，共同构成完整价值链的不同环节，资源利用与生产效率和环保责

---

① 沈能．工业集聚能改善环境效率吗？——基于中国城市数据的空间非线性检验[J]．管理工程学报，2014，28(3)：57－63.

任均得到有效提升，最终实现生态效率的逐渐改善。总之，并非所有的规模扩张都会对生态效率产生积极影响，相对于技术进步，其对生态效率的影响较为复杂。

综合前文分析，我们认为，上述个体城市的要素集聚所带来的生态效率的不确定性能够在城市集群发展过程中得以缓解，这就涉及接下来的内容：城市集群发展、要素集聚与生态效率。

2.2.3.3 城市集群、要素集聚与生态效率

城市集群是多个城市的高级组合体，它表征着城市由独立发展到网络型、合作化发展的动态演进。在这一过程中，城市集群对城市个体的发展产生了重要影响，由于城市经济同时又是集聚经济，因此，城市集群发展对于城市个体的影响也相应地表现为对城市集聚的影响或者对其集聚的调节。

调节作用的重要目的之一在于通过对生产要素流动的调节，实现要素配置在空间上的优化以及效率的提升、污染排放的减少。这可以表现在消除或降低城市集聚不经济，并减少其负外部性；也可以表现为增强城市集聚经济效应，提升其规模经济和生产效率，并拓展其正外部性。根据城市集群理论可知，常见的两种城市集群形成模式分别为：大城市对外扩张或溢出模式，多城市共生模式；而无论是大城市的对外扩张模式，还是“多点共生”的城市集群发展模式，均促成了如下路径：一是大城市或高集聚密度城市规避自身集聚不经济、消除“城市病”的作用路径；二是较小规模和低集聚密度城市不断拓展自身借以寻求集聚效应的作用路径。上述两条路径就是城市集群对于城市个体的要素集聚进行调节的外在表现。归纳前文，我们总结了城市集群发展可能存在的要素集聚调节作用机制，如图 2－3 所示。

换言之，城市集群发展能够对以人口集聚与产业集聚为代表的集聚经济存在作用路径的优化效应，那么这种推断是否能够得到实证检验的支持？为回答这一问题，提出假说 5：城市集群发展可以通过影响经济集聚进而作用于城市生态效率，也即城市集群发展存在集聚调节效应。

这可以理解为，城市在集群程度不断提升的过程中，将对城市的要素流动产生影响，从而发挥其对城市个体的生产要素的调节作用，进而可能对城市生态效率产生影响。进一步地，经济集聚并不必然带来生态效率的提升，但如果城市集群发展能够弱化集聚不经济带来的负外部性，则认为其有利于提升环境质量，带来生态效率的改善。假说 6：由于城市要素集聚存在异质性，城市集群发展的要素集聚调节路径效应的发挥随之存在差异。

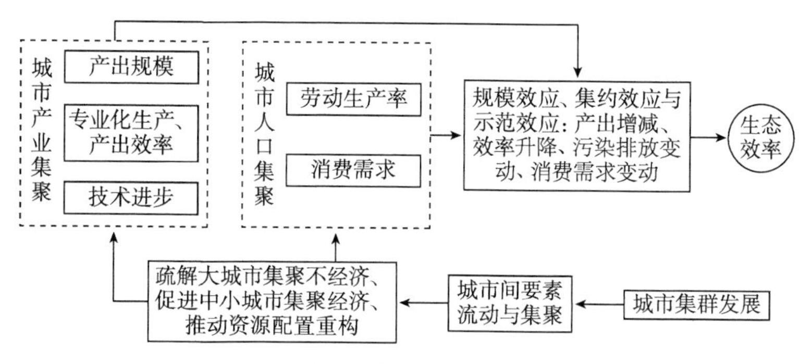

图 2－3　基于要素集聚调节的作用路径

2.3　本章小结

在现有文献的基础上，本章首先对城市集群和城市生态效率的内涵进行了界定，在指出城市集群静态角度和动态角度区别的基础上，刻画了城市集群动态演进作用于城市生态效率的不同维度的影响机制。主要结论如下：

首先，依照“城市集群—市场整合—生态效率”的逻辑思路，对城市集群影响城市生态效率的作用机制进行了分析。一方面，本章认为城市集群发展对市场整合存在影响，并且其作用路径主要体现在城市集群发展对于空间距离的改善、城市技术差异的缩减、政府行为的影响等方面；另一方面，还认为市场整合能够作用于城市生态效率，并且其影响城市生态效率的作用维度主要表现在降低贸易成本与贸易壁垒、降低产业重构、影响污染产业选址及转移等方面。此外，基于理论分析我们认为城市集群发展可以通过推动市场整合这一路径作用于城市生态效率，且作用路径存在异质性。

其次，依照“城市集群—结构转型—生态效率”的逻辑思路，对城市集群影响城市生态效率的作用机制进行了分析。本章认为城市集群发展能够提供并持续优化产业结构转型的空间载体。城市集群在更为广阔的地域范围内为企业或者产业的生产发展提供了相对于城市个体更为丰富的要素和更为便利的要素流动性；本章还认为，城市集群发展因为动态演变存在较为显著的空间结构特征，这在一定程度上引致产业转型升级的地区异质性。进一步地，城市集群发展可以更好地促进分工，通过增强规模经济效应与多样化集聚进而推动产业结构转型。随后，我们探讨了产业转型对于城市生态效率的影响，认为产业转型可以通过核心产业提升效应、产业技术进步效应、资源配置优化效应、专业化效应等多个维度对城市生态效率产生影响。在以上分析基础上，我们认为城市集群发展能够通过推动城市产业转型升级进而作用于城市生态效率，并且存在路径效果的异质性。

最后，探讨了城市集群对于个体城市要素集聚所引致的生态效率变动的调节作用。我们探讨了人口、产业两个重要维度的要素集聚对于生态效率的作用机制，认为人口集聚通过影响生产、消费对生态效率产生作用，并主要呈现为规模效应、集约效应与示范效应等维度。产业集聚引发外部效应与规模效应，并通过技术共享与创新，以及产业规模扩张对生态效率产生影响。在此基础上引入城市集群，认为城市集群发展存在的要素集聚调节路径主要表现为两个层面：一是个体城市尤其是大城市规避自身规模不经济、消除“城市病”的作用路径；二是较小规模和集聚程度较低的城市不断拓展自身借以寻求集聚效应的作用路径。在理论分析的基础上，本章提出城市集群发展具有要素集聚调节功能，从而影响城市生态效率，且调节作用存在异质性。

本章主要价值在于详细阐述了城市集群影响城市生态效率的作用机制，行文过程中所列多项假说既构成接下来第 3 章的实证基础，同时又服务于第 4—6 章的进一步研究。

第3章　城市集群影响城市生态效率的实证研究

3.1　引言

生产要素的空间集聚对经济发展具有动态影响（Hansen，1990）①。单个城市的经济随着人力资本和知识溢出的积累而增长。随着城市逐渐融入群体，城市集群化推进成为经济增长的重要推动力。Phelps 和 Ozawa（2003）② 证实，邻近城市有效地分享了集聚经济并促进了发展。吴福象、刘志彪（2008）③ 初步解释了城市集群发展对经济增长的作用机制，并利用长三角城市集群进行了实证检验，其研究指出城市集群能够促进各种高质量要素聚集到城市集群本身，这一过程改善了城市集群的外部经济，提高了研发和创新效率，最终推动了经济增长。刘乃全、吴友（2017）④ 通过考察长江三角洲揭示了城市集群经济增长的内在机制，认为城市集群能够通过经济联系和市场一体化等机制促进经济增长。

可见，如同城市集聚经济来源于共享、匹配和学习等机制一样（Duranton 和 Puga，2004）⑤，城市集群发展过程中也拥有显著优势，群内尤其

① HANSEN N. Impacts of small - and intermediate - sized cities on population distribution: Issues and responses[J]. Regional Development Dialogue, 1990,11(1):60.

② PHELPS N A, OZAWA T. Contrasts in agglomeration: Proto - industrial, industrial and post - industrial forms compared[J]. Progress in Human Geography, 2003,27(5):583 - 604.

③ 吴福象,刘志彪. 城市化群落驱动经济增长的机制研究——来自长三角16个城市的经验证据[J]. 经济研究,2008,43(11):126 - 136.

④ 刘乃全,吴友. 长三角扩容能促进区域经济共同增长吗[J]. 中国工业经济,2017(6):79 - 97.

⑤ DURANTON G, PUGA D. Micro - foundations of urban agglomeration economies[J]. Handbook of regional and Urban Economics,2004(4):2063 - 2117.

是相邻的城市可以通过知识与技术溢出、产业分工与转移来实现效率的共同提升。然而，相邻的城市之间也可能存在产业结构类似、主体功能雷同、同构竞争普遍、资源浪费严重、污染跨界转移等现象。正如方创琳（2014）[①] 指出，城市集群地区在成为中国经济发展最具活力和潜力地区的同时，也成为一系列生态环境问题高度集中且激化的高度敏感地区。由于生态效率是资源和环境双重约束下的一个地区的投入产出绩效（Huang et al.，2014；Caiado et al.，2017）[②③]，单纯考察对环境的影响和对经济的影响都不足以反映城市集群对生态效率的作用。

我们在第 2 章分析时指出，城市集群存在多种路径可以对城市生态效率产生影响，那么，究竟城市集群是否有助于改善城市生态效率呢？我们接下来将对这一问题展开详细探讨。为此，本章内容主要包括三个部分：首先，引入城市集群程度测算方法，从全局角度对中国城市集群发展进行测度，分析城市集群发展现状；借助 DEA 方法估算中国城市生态效率，考察其时空特征。其次，借助计算所得事实数据，初步总结城市集群发展与城市生态效率之间可能存在的关系，从而引出后续实证检验的逻辑论点。最后，构建实证模型，详细探讨城市集群对城市生态效率的影响。

3.2　城市集群与城市生态效率发展现状分析

为测度当前中国城市集群发展状况，我们引入城市集群程度这一变量。接下来我们重点阐述采用城市集群程度作为城市集群发展表征变量的思路来源，相关的学术依据，以及城市集群程度的测度方法。随后，我们进一步介绍生态效率的测度方法。

---

① 方创琳．中国城市群研究取得的重要进展与未来发展方向[J]．地理学报，2014，69(8)：1130－1144.

② HUANG J，YANG X，CHENG G，et al. A comprehensive eco－efficiency model and dynamics of regional eco－efficiency in China[J]. Journal of Cleaner Production，2014，67:228－238.

③ CAIADO R G G，DIAS R D F，MATTOS L V，et al. Towards sustainable development through the perspective of eco－efficiency：A systematic literature review[J]. Journal of Cleaner Production，2017，165(9):890－904.

3.2.1　城市集群程度测度方法及数据

3.2.1.1　城市集群测度变量选择的思路来源

通过分析有关学者针对城市集群的划分标准，我们发现，尽管标准尚未统一，但对城市集群的判定存在两项基本参考要素：空间距离和人口规模。这是因为，一方面，空间距离对地区发展以及城市联系产生重要影响（Hanson，2005；许政等，2010；Sohn，2012；Navarro - Azorín 和 Artal - Tur，2017）[①②③④]；另一方面，城市规模同样与地区发展有着重要关系（Au 和 Henderson，2006；王小鲁，2010；Capello，2013；柯善咨、赵曜，2014；杨曦，2017）[⑤⑥⑦⑧⑨]。

因此，我们认为考量城市集群及其对城市生态效率的影响需要寻求一项综合考虑空间距离和城市规模的动态指标。

进一步地，结合第1章本书研究背景的描述可知，城市集群的培育与远期规划已覆盖中国地级及以上城市占比的70%。因此，本书认为，较小的研究对象虽具有更强的针对性，如京津冀、长三角等热点城市集群，但在某种程度上却削弱了异质性探讨的可能性，并不利于把握当前中国大力推动的城市集群建设对于生态效率的多维度影响及其可能存在的作用机制

---

① HANSON G H. Market potential, increasing returns and geographic concentration[J]. Journal of international economics, 2005, 67(1):1 - 24.

② 许政,陈钊,陆铭. 中国城市体系的"中心—外围模式"[J]. 世界经济,2010,33(7):144 - 160.

③ SOHN J. Does city location determine urban population growth? The case of small and medium cities in Korea[J]. Tijdschrift Voor Economische en sociale geografie, 2012, 103(3):276 - 292.

④ NAVARRO - AZORíN J M, ARTAL - TUR A. How much does urban location matter for growth?[J]. European Planning Studies, 2017(2):1 - 16.

⑤ AU C C, HENDERSON J V. Are Chinese cities too small? [J]. The Review of Economic Studies, 2006, 73(3):549 - 576.

⑥ 王小鲁. 中国城市化路径与城市规模的经济学分析[J]. 经济研究, 2010(10): 20 - 32.

⑦ CAPELLO R. Recent theoretical paradigms in urban growth[J]. European Planning Studies, 2013, 21(3):316 - 333.

⑧ 柯善咨,赵曜. 产业结构, 城市规模与中国城市生产率[J]. 经济研究, 2014(4):76 - 88.

⑨ 杨曦. 城市规模与城镇化、农民工市民化的经济效应——基于城市生产率与宜居度差异的定量分析[J]. 经济学(季刊),2017,16(4):1601 - 1620.

的异质性与全面性。

基于此，本书并不主观强调空间范围的划分，而是描述个体城市与其他个体城市，或者是多个城市由独立到相互联系从而逐渐实现“群化发展”的一种动态过程，进而探求这种动态演进对于城市生态效率的影响及其作用机理。更简单地说，本书并不强调对研究对象的地理学划分，而是侧重于在地理空间的基础上实现以经济学为主的关系评判与机理探析。同时，这也在一定程度上契合了已有文献关于城市集群应具有动态概念与模糊边界的阐述。接下来，寻求一项简洁有效的指标成为本书的重要内容。

3.2.1.2 城市集群测度变量选择的学术依据

综合考虑城市规模与空间距离来反映城市集群发展的动态变量被称为城市集群程度（urban clustering degree），其结果被称为集群度指数（index of clustering degree，IC）。这一研究思路较早由 Portnov 和 Erell 提出并加以改进（Portnov 和 Erell，1998；Portnov et al.，2007；Portnov 和 Schwartz，2009）[①②③]。Portnov 和 Erell（1998）[④] 在研究以色列边缘地区经济发展时，通过构造涵盖人口分布、偏远性以及城市空间分布等三个维度的集群测度指标，实证考察并揭示了该国边缘地区经济发展缓慢的原因，继而阐述了提升城镇集群度进而实现边缘区经济可持续发展的这一先决条件的重要性。进一步地，Portnov 等（2007）[⑤]、Portnov 和 Schwartz（2009）[⑥] 在其研

---

① PORTNOV B A, ERELL E. Clustering of the urban field as a precondition for sustainable population growth in peripheral areas: the case of Israel[J]. Review of Urban & Regional Development Studies, 1998, 10(2):123-141.

② PORTNOV B A, ADHIKARI M, SCHWARTZ M. Urban Growth in Nepal: Does Location Matter?[J]. Urban Studies, 2007, 44(5):915-937.

③ PORTNOV B A, SCHWARTZ M. Urban clusters as growth foci[J]. Journal of Regional Science, 2009, 49(2):287-310.

④ PORTNOV B A, ERELL E. Clustering of the urban field as a precondition for sustainable population growth in peripheral areas: the case of Israel[J]. Review of Urban & Regional Development Studies, 1998, 10(2):123-141.

⑤ PORTNOV B A, ADHIKARI M, SCHWARTZ M. Urban Growth in Nepal: Does Location Matter?[J]. Urban Studies, 2007, 44(5):915-937.

⑥ PORTNOV B A, SCHWARTZ M. Urban clusters as growth foci[J]. Journal of Regional Science, 2009, 49(2):287-310.

究中，分别以尼泊尔和欧洲为研究对象，实证考察了地理区位对于城市经济发展的重要性，研究揭示了随着人口密度的增加，凭借地理区位和人口规模而形成的城市集群程度的差异对于不同等级、不同地理位置的城市的经济发展具有重要影响。这一研究思路也为后续学者所采用（原倩，2016；Navarro - Azorín 和 Artal - Tur，2017）①②。Reis 等（2016）③ 将当前研究城市规模及其变化的文献梳理归纳为3类：土地/景观测度（landscape metrics）、地理空间测度（geo - spatial metrics）、空间统计方法（spatial statistics），并认为，尽管各有特征，但兼具地理与空间属性的测度方法（geo - spatial metrics）仍是相对最为有效的。

综上，参照前述研究，本书关于城市集群程度的计算涉及两个主要参数：首先，考虑城市的空间隔离程度（spatial islation，IS），根据该个体城市在一定空间距离范围内的城市人口加总测算；其次，纳入城市的地理偏远程度（index of remoteness，IR），通过该个体城市与最邻近的中心城市的空间距离来测度。

3.2.1.3　进一步解释

通过分析前述内容与总结已有文献，我们可以发现，已有文献以城市集群为考察对象时，其研究对象通常具有固定范围，见图3 - 1（a），也即拥有特定数量、不同层级、不同功能的城市在其集群程度达到一定阶段所形成的、具有相对明显地理边界的一个较为成熟的城市集群。本书所关注的城市集群程度，由于在文章中作为一个观测变量，因此其并不局限于具体的空间对象，而是建立在图3 - 1（a）判定条件放松的基础上，更加强调个体城市与周围城市的“群化”过程。换言之，图3 - 1（b）可以看作图3 - 1（a）的上游阶段，这一特性决定了其可以具有更为广泛的研究对象。

---

① 原倩. 城市群是否能够促进城市发展[J]. 世界经济,2016,39(9):99 - 123.

② NAVARRO - AZORíN J M, ARTAL - TUR A. How much does urban location matter for growth? [J]. European Planning Studies, 2017(2):1 - 16.

③ REIS J P, SILVA E A, PINHO P. Spatial metrics to study urban patterns in growing and shrinking cities[J]. Urban Geography, 2016, 37(2):246 - 271.

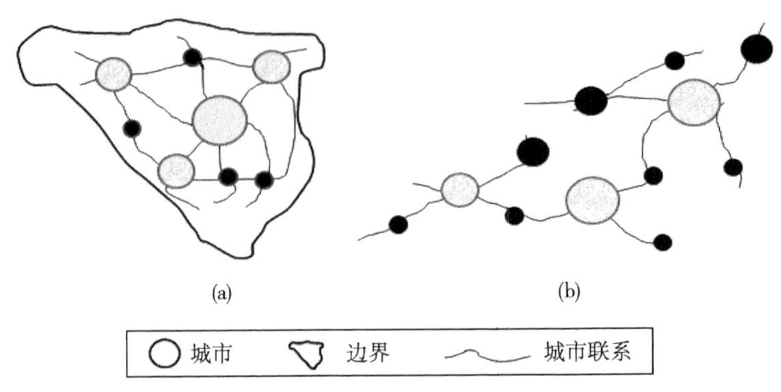

图 3-1 城市集群发育不同阶段简绘

资料来源：参考 Portnov 和 Schwartz（2009）①，本书作者整理绘制。

3.2.1.4 城市集群变量的测度方法

基于前文城市集群程度的内涵界定，我们将中国城市集群发展特征动态化。根据前文，将地理偏远程度和空间隔离程度的组合定义为城市的集群程度，公式如下：

$$IC_i = IS_i / IR_i = \sum_{j=1}^{n} P_j / IR_{ik} \tag{3-1}$$

上式中，城市 i 的空间隔离程度 IS_i 用该城市在一定空间范围内的城市人口总量表示，P_j 代表第 j 个城市的人口数量；城市 i 的地理偏远程度 IR_i 则通过该城市与最邻近的中心城市的空间距离来测度，k 为最近的中心城市。计算结果 IC_i 即为任意一个城市 i 的集群程度，其表征了个体城市的集群化程度，当若干个城市的集群程度在地理空间进行综合表征时，便可以在一定程度上揭示地理空间上的城市集群发展程度。

最后，需要再次说明的是，本书的主要关注对象是城市集群这一动态演变过程对于城市生态效率的影响，这就决定了本书的研究对象并不侧重于如何通过多维度的方法进行城市集群空间范围的划定；相反，本书旨在通过一种相对有效、简洁易行的城市集群程度的测度方法形成一个在一定

---

① PORTNOV B A, SCHWARTZ M. Urban clusters as growth foci[J]. Journal of Regional Science, 2009, 49(2):287-310.

程度上可以代表当前中国城市集群发展特征与发展趋势的核心变量，换言之，我们重在一种简洁有效的变量获取。

在城市集群程度的计算过程中，选定合适的参照性中心城市和适当的空间距离是估算集群程度的关键步骤。借鉴已有研究判定参照性中心城市和空间距离的思路（Portnov 和 Schwartz，2009[①]；原倩，2016[②]），根据中国各省（市）经济状况和城市空间分布特征，采取如下步骤确定参照性中心城市：第一，确定城市规模，作为参照性中心城市的市辖区人口超过150万人；第二，确定经济规模，参照性中心城市的经济体量在所属省份中排名前二。参照原倩（2016）[③] 的思路，采用研究期内多年均值来平滑数据波动，最终确定38个参照性中心城市[④]，并选择150千米作为邻近城市的空间距离范围。此外，距离的设定同样重要，本书采用大圆球面距离，公式如下：

$$\text{Dis} = R \times \arccos\left[\cos(\theta_i - \theta_j)\cos\varphi_i\cos\varphi_j + \sin\varphi_i\sin\varphi_j\right] \quad (3-2)$$

式中，R 为地球半径，θ_i、θ_j 为两点经度坐标，φ_i、φ_j 为两点纬度坐标，坐标数据来源于国家基础地理信息系统。

有关研究样本的说明，截至本书研究时限结束（2016年），全国共计297个地级及以上城市，由于存在坐标纬度的选取需要，剔除部分新近设立的地级市（分别为：西藏日喀则、林芝、山南、昌都4市，新疆吐鲁番、哈密2市，海南三沙、儋州2市，贵州毕节、铜仁2市，青海海东市；另，西藏拉萨市同样予以剔除），参与计算的样本共计285个地级及以上城市。

---

① PORTNOV B A, SCHWARTZ M. Urban clusters as growth foci[J]. Journal of Regional Science, 2009, 49(2):287-310.

② 原倩. 城市群是否能够促进城市发展[J]. 世界经济,2016,39(9):99-123.

③ 原倩. 城市群是否能够促进城市发展[J]. 世界经济,2016,39(9):99-123.

④ 所选38个参照性中心城市为:除去银川、呼和浩特、拉萨之外的28个省会城市,以及大连、唐山、大同、青岛、洛阳、襄阳、苏州、宁波、厦门、深圳等10个城市。

3.2.2 城市生态效率测度方法及数据

3.2.2.1 测度方法

考虑到当前中国经济发展面临的资源环境约束，资源和环境因素逐渐被纳入效率测算框架（王兵，等，2010；Zhang et al.，2015；Li 和 Lin，2017）①②③。这一阶段，效率评价受到学者的重视，常见的有单一比值法、随机前沿方法（SFA）、数据包络法（DEA），而 DEA 因其无须对生产函数的具体形式进行预设，不受单位量纲影响，直接由数据驱动的良好非参数性质而为众多学者所采用（Wursthorn et al.，2011；Chang et al.，2013；Liu et al.，2017）④⑤⑥。

传统 DEA 模型，其有效的决策单元 DMU（decision - making unit）均在前沿面上，并带来如下两个方面的问题：第一，所有有效率的 DMU 将难以区分，在此基础上的回归分析有可能出现偏误；第二，难以有效测算所有有效率的 DMU 的跨期变动。面对这两个问题，Andersen 和 Petersen（1993）⑦提出了超效率模型，随后 Tone（2002）⑧ 将其引入 SBM（slacks - based

---

① 王兵，吴延瑞，颜鹏飞. 中国区域环境效率与环境全要素生产率增长[J]. 经济研究，2010(5):95 - 109.

② ZHANG N, KONG F, YU Y. Measuring ecological total - factor energy efficiency incorporating regional heterogeneities in China[J]. Ecological Indicators, 2015, 51:165 - 172.

③ LI J, LIN B. Ecological total - factor energy efficiency of China's heavy and light industries: Which performs better? [J]. Renewable & Sustainable Energy Reviews, 2017, 72:83 - 94.

④ WURSTHORN S, POGANIETZ WR, SCHEBEK L. Economic - environmental monitoring indicators for European countries: A disaggregated sector - based approach for monitoring eco - efficiency[J]. Ecological Economics, 2011,70(3):487 - 496.

⑤ CHANG YT, ZHANG N, DANAO D, et al. Environmental efficiency analysis of transportation system in China: A non - radial DEA approach[J]. Energy Policy, 2013,58:277 - 283.

⑥ LIU X H, CHU J F, YIN P Z, et al. DEA cross - efficiency evaluation considering undesirable output and ranking priority: A case study of eco - efficiency analysis of coal - fired power plants[J]. Journal of Cleaner Production, 2017,142:877 - 885.

⑦ ANDERSEN P, PETERSEN N C. A Procedure for Ranking Efficient Units in Data Envelopment Analysis[J]. Management Science, 1993, 39(10):1261 - 1264.

⑧ TONE K. A slacks - based measure of super - efficiency in data envelopment analysis[J]. European Journal of Operational Research, 2002, 143(1):32 - 41.

measure)，实现了有效的决策单元效率可以超过 1 的评价方式，进而可满足有效率 DMU 的区分。Huang (2018)[①] 进一步优化了这一模型，提出了考虑坏产出的共同前沿超效率模型（Meta - US - SBM）（meta - frontier super slack - based model considering undesirable outputs），本书借鉴这一方法，对各城市的生态效率进行测度。方法如下：

假定有 N 个决策单元 DMU，由于存在异质性，可划分为 H（$H>1$）组，定义第 h 组的 DMU 个数为 N_h（$h=1, 2, \cdots, H$），则有：$\sum_{h=1}^{H} N_h = N$。假定每个决策单元DMU_0各有三类要素：投入变量（inputs），期望产出（desirable outputs），非期望产出（undesirable outputs），分别用三个向量来表示：$x = [x_1, x_2, \cdots, x_m] \in Q_+^M$，$y = [y_1, y_2, \cdots, y_R] \in Q_+^R$，$b = [b_1, b_2, \cdots, b_J] \in Q_+^J$，其中 M、J 和 R 分别代表投入、期望产出、非期望产出要素的数量，则生产的共同前沿面如下：

$$P^{meta} = \left\{ \begin{array}{c} (x, y, b): \sum_{h=1}^{H} \sum_{n=1}^{N_h} \varepsilon_n^h x_n^h \leqslant x^h; \sum_{h=1}^{H} \sum_{n=1}^{N_h} \varepsilon_n^h y_n^h \geqslant y^h; \\ \sum_{h=1}^{H} \sum_{n=1}^{N_h} \varepsilon_n^h b_n^h \leqslant b^h; n = 1, 2, \cdots, N_h; h = 1, 2, \cdots, H \end{array} \right\} \tag{3-3}$$

式中，$P^{meta} = \{P^1 \cup P^2 \cup \cdots \cup P^H\}$，且 ε_n^h 是第 h 组第 n 个决策单位的权重（Battese et al.，2004)[②]，在这一基础上，Meta - US - SBM 模型表示如下：

$$\rho_{ko}^{meta} = \min \frac{1 + \frac{1}{M} \sum_{m=1}^{M} \frac{S_{mko}^{x}}{x_{mko}}}{1 - \frac{1}{R+J} \left(\sum_{r=1}^{R} \frac{S_{mko}^{y}}{y_{mko}} + \sum_{j=1}^{J} \frac{S_{mko}^{b}}{b_{mko}} \right)}$$

---

① HUANG J, XIA J, YU Y, et al. Composite eco - efficiency indicators for China based on data envelopment analysis[J]. Ecological Indicators, 2018, 85(2): 674 - 697.

② BATTESE G E, RAO D P, O'DONNELL C J. A metafrontier production function for estimation of technical efficiencies and technology gaps for firms operating under different technologies[J]. Journal of Productivity Analysis, 2004, 21(1): 91 - 103.

$$s.t.\ x_{mko} - \sum_{h=1(n\neq 0\ if\ h=k)}^{H} \sum_{n=1}^{N_h} \varepsilon_n^h x_{mhn} + S_{mko}^x \geqslant 0$$

$$\sum_{h=1(n\neq 0\ if\ h=k)}^{H} \sum_{n=1}^{N_h} \varepsilon_n^h y_{rhn} - y_{rko} + S_{rko}^y \geqslant 0$$

$$b_{jko} - \sum_{h=1(n\neq 0\ if\ h=k)}^{H} \sum_{n=1}^{N_h} \varepsilon_n^h b_{jhn} + S_{jko}^b \geqslant 0$$

$$1 - \frac{1}{R+J}\left(\sum_{r=1}^{R} \frac{S_{rko}^y}{y_{rko}} + \sum_{j=1}^{J} \frac{S_{jko}^b}{b_{jko}}\right) \geqslant \varepsilon$$

$$\varepsilon_n^h, S^x, S^y, S^b \geqslant 0 \tag{3-4}$$

式中，$m=1,2,\cdots,M$；$r=1,2,\cdots,R$；$j=1,2,\cdots,J$；ε 是非阿基米德无穷小，S^x,S^y,S^b 分别代表投入、期望产出以及非期望产出相对应的松弛变量，借助模型操作软件（Max - DEA），即可求得各城市生态效率。

3.2.2.2 变量选择及数据

计算生态效率需依据其内涵对投入和产出变量进行设定。

首先，设定产出变量。①期望产出。期望产出又被称为“好”的产出。由于生态效率本质在于衡量经济增长与资源环境消耗的关系，因此，GDP 通常作为期望产出。本书采用城市 GDP 作为期望产出，并统一换算为 2003 年不变价。②非期望产出。非期望产出又被称为“坏”的产出，集中表现为环境污染物的排放。关于非期望产出的测度，现有文献主要存在两种计算方式：一是单个污染物分别直接进入效率测算模型，如 SO_2、CO_2、dust 等污染物（Li 和 Lin，2016；Li 和 Wu，2017）①②；二是将污染物进行归一化，也即对多种污染物进行综合污染指数的构建（宋马林、王舒鸿，2013；Huang et al.，2018）③④。本书选择常用的工业三废指标作为非期望

① LI J, LIN B. Green economy performance and green productivity growth in China's cities: Measures and policy implication[J]. Sustainability, 2016, 8.

② LI B, WU S. Effects of local and civil environmental regulation on green total factor productivity in China: A spatial Durbin econometric analysis[J]. Journal of Cleaner Production, 2017, 153(6): 342 - 353.

③ 宋马林，王舒鸿．环境规制、技术进步与经济增长[J]．经济研究，2013(3)：122 - 134.

④ HUANGY, LI L, YU Y T. Does urban cluster promote the increase of urban eco - efficiency? Evidence from Chinese cities[J]. Journal of Cleaner Production, 2018, 197(1): 957 - 971.

产出，并参照已有研究（Huang et al.，2018）[①] 的计算方式，对其进行污染物综合指数的换算。

其次，设定投入变量。一方面，依据经典的生产函数，选定基本的生产投入变量：资本和劳动力；另一方面，鉴于生态效率所具有的资源内涵的考量，我们确定能源投入、水资源、土地利用等三个投入变量。具体解释如下：①资本投入。资本投入根据已有研究（单豪杰，2008）[②] 采用永续盘存法（perpetual inventory method，PIM）进行估算，公式为：$k_t = (1-\delta)k_{t-1} + I_t$，其中，$k_t$ 和 k_{t-1} 分别表示 i 地区在 t 年和 $t-1$ 年的资本存量，I_t 表示 i 地区在 t 年的不变价固定资本投资额，δ 表示资本折旧率。②劳动投入。采用各城市历年年末从业人员数。③能源投入。由于统计数据的限制，当以城市为研究对象时，由于官方能源消费统计数据并未覆盖城市层面，现有文献在能源投入的选择上存在较大的困难，因此，部分文献常采用城市用电量作为能源投入的代理变量（Li 和 Lin，2016）[③]，这一数据易得，但由于相对单一，从而低估了能源投入量；也有部分文献采用液化石油气和天然气的加权综合，构建能源投入指数（Li 和 Wu，2017）[④]。本书采用城市用电量、液化石油气和天然气的加权综合构建能源投入综合指数，指数构建采用常见的熵权法。④土地资源投入。土地利用是城市经济的空间载体，现有文献将土地资源视为一种投入纳入生态效率测度仍然相对较少，事实上，这一投入变量不容忽视，本书选择城市建成区面积作为土地投入变量。⑤水资源投入。水资源对于可持续发展的重要性与日俱增，鉴于这一考虑，本书将城市供水量作为水资源的投入代理变量纳入效率测算模型。

---

① HUANGY, LI L, YU Y T. Does urban cluster promote the increase of urban eco－efficiency? Evidence from Chinese cities[J]. Journal of Cleaner Production, 2018, 197(1): 957－971.

② 单豪杰. 中国资本存量 K 的再估算：1952—2006 年[J]. 数量经济技术经济研究，2008(10): 17－31.

③ LI J, LIN B. Green economy performance and green productivity growth in China's cities: Measures and policy implication[J]. Sustainability, 2016, 8.

④ LI B, WU S. Effects of local and civil environmental regulation on green total factor productivity in China: A spatial Durbin econometric analysis[J]. Journal of Cleaner Production, 2017, 153(6): 342－353.

最后，在计算过程中，剔除部分数据缺失较为严重的城市，共选取276个城市进行生态效率的测算，主体数据来源于历年中国城市统计年鉴以及EPS数据库，部分缺失数据根据需要补齐。

3.2.3 城市集群程度测度结果分析

3.2.3.1 时序变化特征

根据公式（3－1）计算2003—2016年中国城市集群程度，绘制285个城市的平均集群程度①以及变异系数（如图3－2所示）。总的来看，研究期内城市集群程度提升显著，同时存在差异。具体来说：第一，2003—2016年，中国城市集群程度从2003年的1.313上升到2016年的1.751，增幅达33.36%，呈连年增长态势，城市集群发展得到较为明显的提升。第二，城市集群程度差异拉大。尽管城市集群程度显著提升，但区域差异仍较为显著，变异系数从2003年的2.991增加到2016年的3.037，虽部分年份有波动，但总体上升的变异值表明，集群程度地区差异有所拉大。

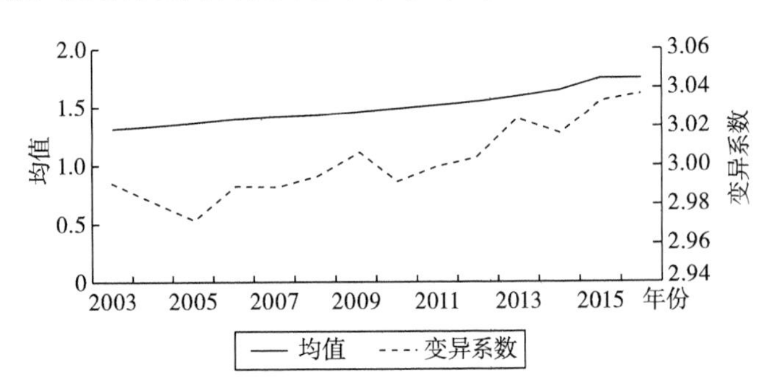

图3－2 2003—2016年城市集群程度均值变化与变异系数

3.2.3.2 空间特征演化

为更清晰、直观地反映中国城市集群程度的空间演变特征，结合ArcGIS制图工具，给出研究期内中国城市集群程度空间趋势面（见图3－3）。

---

① 在研究过程中，城市集群程度IC的计算结果根据需要进行了1%的比例缩减。下同，不再赘述。

空间趋势面是用数学模型模拟地理要素在空间上的分布规律和区域性变化趋势的方法（崔娜娜，2017）[①]，它可以反映区域性的变化规律。假设现有空间要素的实际观测数据为 $Z_i(X_i, Y_i)$，且 $i=1, 2, \cdots, n$，则有趋势面拟合值：

$$Z_i(X_i, Y_i) = \check{Z}_i(X_i, Y_i) + \varepsilon_i \qquad (3-5)$$

式中，$\check{Z}_i(X_i, Y_i)$ 为拟合值，ε_i 为残差，常见的拟合形式有一阶、二阶、三阶多项式，经过投影点最优化模拟[②]，本书采用二阶多项式对城市集群程度进行空间趋势面拟合，并由 ArcGIS 的 Geo - statistical Analyst 模块进行生成。图 3 -3 中，城市集群程度作为高度属性值（Z 值），箭头方向 X、Y 分别指示正东、正北方向。观察三维透视图可知，2003—2016 年，城市集群程度在 X、Y 轴方向上均呈一定的线性上升并渐缓趋势，在中段呈现较为明显的上升，随后趋缓至曲线远端，最后在末端出现微弱的下降。这表明，一方面，中国城市集群程度呈现由北到南、由西到东的双向递增空间态势；另一方面，南北向末端递减幅度较东西方向更明显，集群程度存在更为明显的空间不均衡。

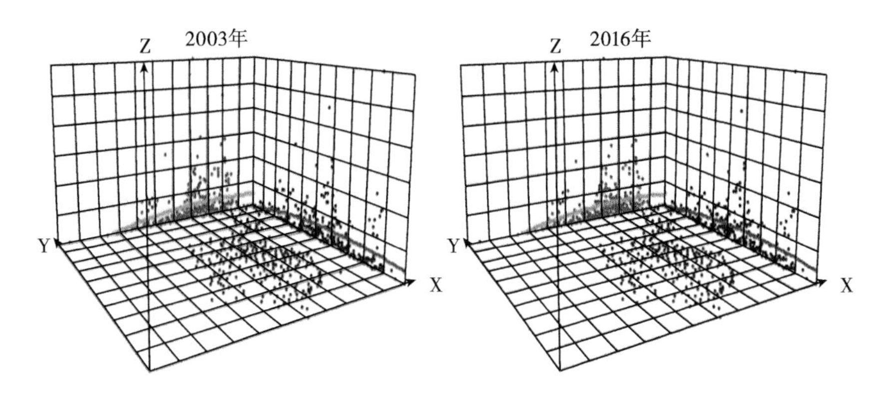

图 3 -3　2003 年、2016 年中国城市集群程度空间趋势面

---

① 崔娜娜，冯长春，宋煜．北京市居住用地出让价格的空间格局及影响因素[J]．地理学报，2017，72(6)：1049 - 1062.

② 投影最优化模拟，即在三维透视模拟过程中，投影点在透视面上越集中，拟合效果越好。

接下来，分别观察2003年、2016年中国城市集群程度空间分布状况可知：①中西部地区城市集群发展的“核心—边缘”现象较为显著，部分地区集群发展过程中“单核心”现象较为明显。②从空间分布可知，长三角地区、珠三角地区城市集群程度较高，发育较为完善，城市空间层级体系较为完整；京津冀地区城市集群发展较快，同时成渝、海峡西岸、中原、长江中游地区都具备较大的集群提升潜能和集群扩展腹地，这一空间分布特征与当前中国城市群发展规划及其培育范围划分基本一致，这一观测结果也反映了本书集群程度指标选择的合理性。

3.2.4 城市生态效率测算结果分析

3.2.4.1 时序演进

根据前文方法测算出2003—2016年276个城市的生态效率。整体而言，生态效率均值从2003年的0.536增加至2016年的0.631，效率曲线在2003—2005年呈增长态势，2006—2008年出现短暂的回落现象，随后出现反弹，效率值逐渐回升，最低值由2003年的0.173上升到2016年的0.225，最高值由2003年的1.174增加到2016年的1.263。总的来看，2003年以来，中国城市生态效率虽总体仍较低且部分年份出现波动，但呈上升趋势，中国城市生态效率有了一定程度的改善，绿色发展取得一定成效。

上述时序变化特征可以通过核密度曲线更为直观地呈现（图3-4）。观察可知，核密度曲线偏移轨迹逐步右移，城市生态效率提升。具体来看，与2003年相比，2009年密度分布整体右移，且密度曲线峰值上升，2016年相比于2009年密度分布进一步向右偏移，说明2003年以来中国城市生态效率提升；进一步地，观察2016年核密度曲线的右侧尾部（近端）可知，隆起幅度有所增强，表明中高水平城市有一定增加，但右侧曲线尾部（远端）特征表明，高效率城市数量仍然较少，有待增加。

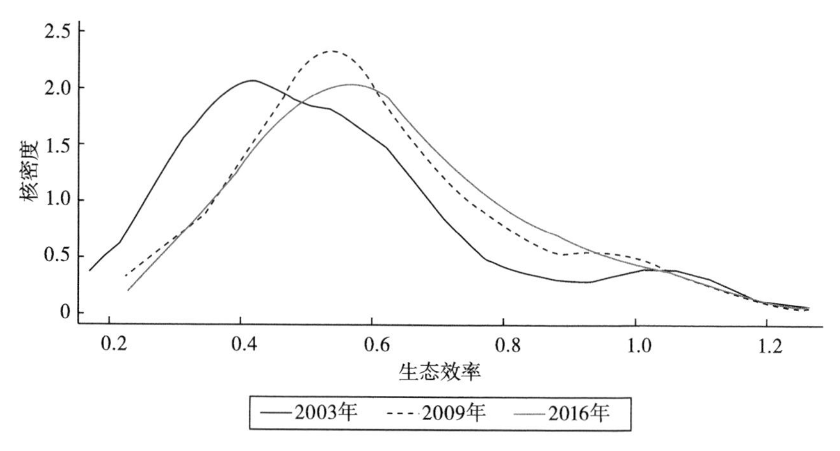

图3-4 部分年份城市生态效率核密度曲线

3.2.4.2 不同层级生态效率城市均值及占比

接下来，根据 ArcGIS 自然间断点分类法（Jenks）将每年的生态效率分为5个等级，并计算每一等级的相应均值，绘制表3-1。分析可知：2003年以来，5个层级的生态效率均值均呈上升趋势，其中，高水平增幅为0.063，较高水平增幅为0.138，中等水平增幅为0.071，较低、低水平增幅分别为0.064和0.046，较高水平增幅最大，中等水平次之；这表明，2003年以来，城市生态效率的中间段水平效率提升最为显著，而位居两端的高水平层级和低水平层级效率提升有待进一步增强。

表3-1 2003—2016年城市生态效率不同等级均值变动

不同等级	2003年	2004年	2005年	2006年	2007年	2008年	2009年	2010年	2011年	2012年	2013年	2014年	2015年	2016年
高水平	1.025	1.007	1.038	1.028	1.012	0.994	1.015	1.058	1.021	1.052	1.057	1.079	1.081	1.088
较高水平	0.739	0.772	0.781	0.787	0.748	0.738	0.765	0.823	0.766	0.816	0.765	0.766	0.851	0.877
中等水平	0.581	0.601	0.612	0.603	0.567	0.581	0.586	0.639	0.603	0.62	0.583	0.593	0.633	0.652
较低水平	0.448	0.456	0.482	0.477	0.439	0.438	0.448	0.503	0.493	0.491	0.463	0.478	0.502	0.512
低水平	0.291	0.311	0.336	0.333	0.307	0.302	0.303	0.34	0.338	0.332	0.332	0.335	0.344	0.337

我们进一步绘制不同层级城市占比（图3-5），考察其变动轨迹。由图可知，①高水平城市占比从2003年的10.51%，下滑至2005年的6.88%，2006年实现回升，并在波动中增加至2016年的13.18%，年均增幅为

1.75%；较高水平城市占比从2003年的11.23%增加至2007年的第一个波峰22.46%，随后波动下降至2012年的16.67%，接着在2013年重新增加并于2016年出现第二个波峰25.19%，年均增长率为6.41%。中等水平城市占比在2003—2005年出现短暂的下降之后快速上升至36.59%，随后在“U”形变动轨迹中达到2016年的32.19%，年均增幅为1.52%。较低水平城市占比在2003—2008年持续下降，随后上升至2010年的31.50%，并再次连续下降至2016年的19.03%，年均下降3.35%。低水平城市占比由2003年的21.74%下降至2008年的10.14%，并在经历第二个阶段的反弹之后再次下降至2016年的10.40%，年均下降5.78%。②不同层级城市呈现显著“梯度化”分异特征。观察曲线轨迹变动状况可知，2003年以来，出现“退二进三”的现象，即：高、较高、中等水平3条曲线变动轨迹类似，且均存在波动中上升；低、较低2条曲线变动轨迹类似，均出现波动中下降。这表明，生态效率总体改善，但内部梯度化结构依然明显，城市生态效率梯度差异逐渐拉大，分化趋势有所加强。此外，高水平占比常年保持最低，虽逐年提升，但高水平生态效率城市的数量提升仍然存在很大空间。

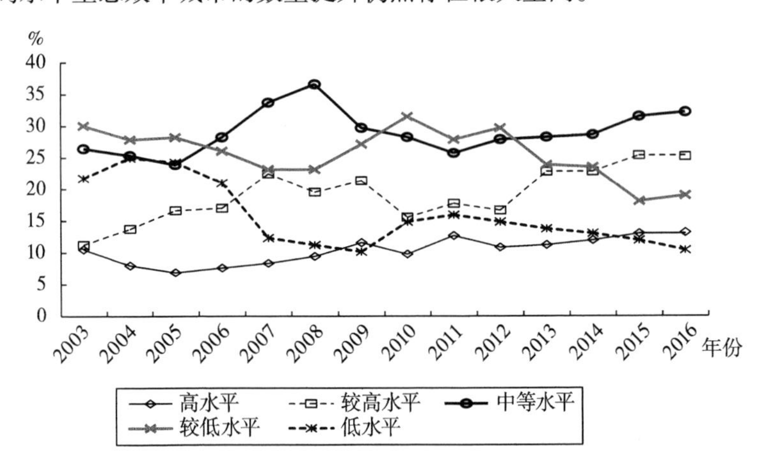

图3-5　2003—2016年城市生态效率不同等级城市数量占比

3.2.4.3　空间特征的考察

接下来，我们进一步考察了城市生态效率的空间特征。总的来看，一方面，城市生态效率呈现地区分异，东部城市效率值高于中西部城市，这种梯级空间分布特征存在于整个研究期内；另一方面，效率值的空间分布集聚化趋势有所加强，2003年生态效率高值分布零星点状特征逐渐向2016年的空间集聚演化，部分发展规划所含城市集群的生态效率空间集聚现象同样有所增强。

3.3　城市集群程度与城市生态效率相关性初步判定

前文较为详细地描述了当前中国城市集群发展与城市生态效率现状，通过较为直接的空间分布，我们认为城市集群程度与城市生态效率之间存在某种相关性。

为了检验这一推断，基于测算获得的城市集群程度值、生态效率值，我们进一步考察其散点图和相关性。图3－6为研究期内城市集群发展程度与城市生态效率的散点图，观察可知，城市集群程度与生态效率正相关，且通过了1%的显著性水平检验。基于此，我们初步判定两个变量之间存在同向变化趋势，接下来，我们将对这一现象进行更为严谨的实证检验。

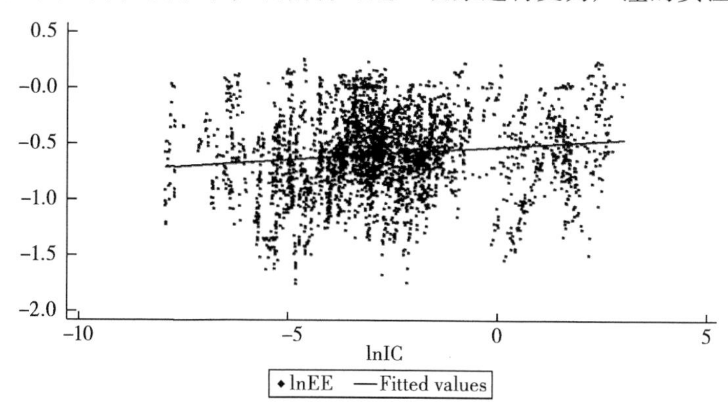

图3－6　城市集群程度与生态效率散点和拟合曲线

3.4　实证研究

3.4.1　实证模型设定

为实证检验城市集群发展能否促进城市生态效率，首先设定基础回归模型，如式（3－6）所示，为消除异方差，变量均采取对数形式：

$$\ln EE_{i,t} = c + \alpha \ln IC_{i,t} + \sum_{j=1}^{n} \beta_j \ln X_{ji,t} + \mu_{i,t} + \theta_{i,t} + \varepsilon_{i,t} \quad (3-6)$$

其中：各变量下标 i 表示城市；t 表示时间；$\ln EE_{i,t}$ 为城市生态效率；$\ln IC_{i,t}$ 为城市集群程度；$\sum_{j=1}^{n} \ln X_{ji,t}$ 为可能会对城市生态效率产生影响的一组控制变量，具体包含：技术创新、产业结构、集聚水平、金融发展、外资利用、环境规制；$\mu_{i,t}$ 为个体固定效应，$\theta_{i,t}$ 为时间固定效应，$\varepsilon_{i,t}$ 是不可观测的误差项。

进一步地，一个地区生态效率可能会与过去的生态效率有关，并影响下一期的微观主体的行为，经济发展、生态环境越好的城市越能吸引更多的优质生产要素的流入，从而使城市生态效率存在可能的增长惯性与时序变化特征，上述因素以及其他未观测到的因素可能会导致普通面板估计的偏差。因此，我们在式（3－6）右边引入被解释变量的滞后项，构建动态面板，式（3－6）拓展如下：

$$\ln EE_{i,t} = c + \alpha \ln IC_{i,t} + \delta \ln EE_{i,t-1} + \sum_{j=1}^{n} \beta_j \ln X_{ji,t} + \mu_{i,t} + \theta_{i,t} + \varepsilon_{i,t} \quad (3-7)$$

根据已有研究，GMM 估计方法能够在不使用外部工具变量的情况下在一定程度上控制可能存在的内生性问题，消除内生性导致的检验结果误差（Halkos 和 Paizanos，2013；Zhang et al.，2017）[①②]。本书选择 SYS－GMM 方法对模型（3－7）进行回归来增加估计结果的稳健性和可靠性。

3.4.2 模型变量与说明

模型中所含相关变量作如下说明。

（1）核心解释变量：城市集群程度 IC，使用前文数据，不再赘述。

① HALKOS G E, PAIZANOS E A. The effect of government expenditure on the environment: An empirical investigation[J]. Ecological Economics, 2013, 91: 48－56.

② ZHANG Q X, ZHANG S L, DING Z Y, et al. Does government expenditure affect environmental quality? Empirical evidence using Chinese city－level data[J]. Journal of Cleaner Production, 2017, 161: 143－152.

（2）被解释变量：城市生态效率 EE，使用前文数据，不再赘述。

（3）控制变量：①技术创新（technological innovation）。通常说来，技术的改善会促进环境保护（宋马林、王舒鸿，2013）①，技术创新意味着生产效率的提升以及单位资源和能源消耗的降低，这将对生态效率产生一定推动作用。本书选择城市创新指数来作为技术创新的代理变量，这一数据来源于寇宗来、刘学悦（2017）②，与已有多数研究采取城市专利申请来代替技术进步和创新能力，这一指标更具综合性。②金融发展（financial development level）。近年来金融发展对于推动生态环境保护、提升资源利用的重要性逐渐为学者所重视（Campiglio，2015；Wang 和 Zhi，2016）③④。为降低遗漏变量偏误，我们将年末存贷比（loan - deposit ratio，LDR）纳入控制变量，从而控制金融发展对于生态效率的影响。③外资利用（foreign direct investment，FDI）。尽管结论不一，但外资利用对资本流入地区经济发展与生态环境存在影响已被众多研究证明（许和连、邓玉萍，2012；Newman，2015）⑤⑥。本书采用外商投资工业企业增加值占全部规模以上工业企业增加值的比重来衡量外商投资。④环境规制（environmental regulation，ER）。研究表明，环境规制对生态效率产生影响（Goldar 和 Banerjee，2004；Blackman 和 Kildegaard，2010；李胜兰，等，2014）⑦⑧⑨。

---

① 宋马林，王舒鸿．环境规制、技术进步与经济增长[J]．经济研究，2013(3)：122 - 134.

② 寇宗来，刘学悦．中国城市和产业创新力报告[R]. 2017.

③ CAMPIGLIO E. Beyond carbon pricing: the role of banking and monetary policy in financing the transition to a low - carbon economy[J]. Ecological Economics, 2015, 121(12):220 - 230.

④ WANG Y, ZHI Q. The ROLE OF GREEN FINANCE IN ENVIRONMENTAL PROTECTION: TWO ASPECTS OF MARKET MECHANISM AND POLICIES[J]. Energy Procedia, 2016,104:311 - 316.

⑤ 许和连，邓玉萍．外商直接投资导致了中国的环境污染吗？[J]．管理世界，2012(2)：30 - 43.

⑥ NEWMAN C, RAND J, TALBOT T, et al. Technology transfers, foreign investment and productivity spillovers[J]. European Economic Review, 2015, 76:168 - 187.

⑦ GOLDAR B, BANERJEE N. Impact of informal regulation of pollution on water quality in rivers in India[J]. Journal of Environmental Management, 2004, 73(2):117 - 130.

⑧ BLACKMAN A, KILDEGAARD A. Clean technological change in developing - country industrial clusters: Mexican leather tanning[J]. Environmental Economics & Policy Studies, 2010, 12(3):115 - 132.

⑨ 李胜兰，初善冰，申晨．地方政府竞争、环境规制与区域生态效率[J]．世界经济，2014(4)：88 - 110.

本书仅将环境规制作为控制变量，然而，由于直接相关的环境规制统计数据缺失，已有文献大都采取估算的代理变量来衡量环境规制。Van Beers 和 Van den Bergh（1997）[①] 区分了两种衡量环境规制强度的方法：投入角度、产出角度。我们认为，由于存在实际执行效果的区别，与投入角度相比，从产出角度能够更为准确地衡量一个地区的环境规制强度。事实上，已有研究也支持了这一观点（Ederington et al.，2005；Cole et al.，2010）[②③]。当前国内学者在综合指数的构建过程中，常用两种不同的思路：污染物排放量加权综合指数的倒数代替以及污染物去除量的综合指数构建；本书选取“工业三废”的污染去除量并结合熵权法构建环境规制强度综合指数。⑤集聚水平。已有研究表明城市集聚水平对生态效率存在影响（李泉、马黄龙，2017）[④]，本书选取城市人口密度（population density）作为集聚水平的代理变量。在测度人口集聚时，选择城市年末人口数量与面积之比来度量人口集聚程度。针对土地面积的选择标准，已有文献在土地面积的选择上常有城市行政管辖面积、城市建成区面积以及市辖区面积之分（陈乐，等，2018；肖周燕、沈左次，2019）[⑤⑥]，本书选择市辖区面积。⑥产业结构（industrial structure）。大量的研究论述了第二、三产业发展与污染排放的关系，与以工业为主的第二产业相比，第三产业的单位能源消耗较低、污染排放较少。随着中国经济的发展，第三产业在国民经济中的比重将不断上升，这将有利于提升生态效率。与已有研究一致（林伯强、杜克

---

① VAN BEERS C, VAN DEN BERGH J C J M. An empirical multi – country analysis of the impact of environmental regulations on foreign trade flows[J]. Kyklos, 1997, 50(1):29 –46.

② EDERINGTON J, LEVINSON A, MINIER J. Footloose and Pollution – Free[J]. Review of Economics & Statistics, 2005, 87(1):92 –99.

③ COLE M A, ELLIOTT R J R, OKUBO T. Trade, environmental regulations and industrial mobility: An industry – level study of Japan[J]. Discussion Paper, 2010, 69(10):1995 –2002.

④ 李泉，马黄龙．人口集聚及外商直接投资对环境污染的影响——以中国 39 个城市为例[J]. 城市问题，2017(12):56 –64.

⑤ 陈乐，李郇，姚尧，等．人口集聚对中国城市经济增长的影响分析[J]．地理学报，2018，73(6):1107 –1120.

⑥ 肖周燕，沈左次．人口集聚、产业集聚与环境污染的时空演化及关联性分析[J]．干旱区资源与环境，2019，33(2):1 –8.

锐，2013)[①] 本书将第三产业占 GDP 比重作为产业结构的代理变量。

在对相关变量进行处理后，我们在表3-2给出了多重共线性检验，观察可知方差膨胀因子 VIF 均小于10，根据已有研究（陈强，2014)[②]，可以不必担心存在多重共线性问题。

表3-2　变量多重共线性检验

变量	VIF	1/VIF
TECH	5.86	0.170648
PDEN	2.89	0.345725
FDI	1.33	0.754231
ER	1.26	0.796397
INDTH	1.21	0.826274
IC	1.12	0.892409
LDR	1.09	0.915383
Mean VIF	2.13	

3.4.3　模型数据及样本

本章的主体数据来源于2004—2017年的《中国城市统计年鉴》及 EPS 数据库。同时，需要说明的是，在基础数据测算过程中，城市集群程度的城市样本数为285个，生态效率的城市样本数为276个，为保证接下来章节回归分析过程中城市平衡面板数据的采用，我们以生态效率样本单元为基准将实证样本缩减至276个[③]，下文除特别交代，实证总样本均以276个城市为基准。

3.5　实证结果分析

3.5.1　基于全国样本的实证结果分析

为检验城市集群程度的提升对于城市生态效率的影响，对模型进行回归分析。Hausman 检验结果表明，在1%的显著性水平下应拒绝不存

---

① 林伯强，杜克锐．要素市场扭曲对能源效率的影响[J]．经济研究，2013(9)：125-136.

② 陈强．高级计量经济学及 Stata 应用[M]．北京：高等教育出版社，2014.

③ 删除掉的观测值分别为固原、嘉峪关、金昌、陇南、平凉、武威、中卫、海口、三亚9个城市。

在个体效应的原假设，因此，选取固定效应模型对基础回归模型进行检验。

我们重点考察城市集群程度的提升对于城市生态效率的影响。表 3 - 3 第（1）列为静态面板固定效应回归结果，可以看出 ln*IC* 估计系数在 1% 的水平显著为正，第（2）列动态模型的 ln*IC* 参数估计值同样显著为正，这表明城市集群程度的提高对城市生态效率起到正向促进作用，集群程度每提高 1 个百分点，城市的生态效率增长 0. 24 ~ 0. 26 个百分点，推动城市集群建设已成为提升城市生态效率的一个重要驱动力。2003 年以来，中国以城市化进程为战略背景的城市集群建设取得了巨大成就，尽管仍存一定的粗放发展模式，部分地方政府在生态环境保护过程中还存在一定的“逐底竞争”行为（李胜兰，等，2014）①，但城市集群程度的提升对城市生态效率却产生了正向影响。原因可能源于以下两个层面：一方面，本书的研究对象为城市集群发展，其测度方式是将周围一定空间范围内的城市同时考虑进来，而前文也提到，个体城市在“群化”过程中会对城市自身及其周围城市经济、社会、资源与环境产生复杂影响（Portnovetal，2000；Forstalletal，2009；Fang 和 Yu，2017）②③④，这种城市间相互作用的过程，有效地消除或降低了城市集聚不经济的影响，尽管部分以城市集聚经济为研究对象的文献表明当前集聚在一定程度上不利于降低环境污染，但其更多地强调城市个体，而并未将城市集群化过程中的复杂交互影响考虑在内。另一方面，这也可能与中国城市集群发展程度仍然较低有关，在研究期内的数据并未能捕捉到有可能存在的负向效应；当然，这也从侧面进一

---

① 李胜兰，初善冰，申晨．地方政府竞争、环境规制与区域生态效率[J]．世界经济，2014(4)：88 - 110.

② PORTNOV B A, ERELL E, BIVAND R, et al. Investigating the effect of clustering of the urban field on sustainable population growth of centrally located and peripheral towns[J]. International Journal of Population Geography, 2000, 6(2):133 - 154.

③ FORSTALL R L, GREENE R P, PICK J B. Which are the largest? Why lists of major urban areas vary so greatly[J]. Tijdschrift Voor Economische En Sociale Geografie, 2009, 100(3):277 - 297.

④ FANG C, YU D. Urban agglomeration: an evolving concept of an emerging phenomenon[J]. Landscape & Urban Planning, 2017, 162:126 - 136.

步揭示了中国城市集群程度还有提升的巨大空间。

接下来扼要解释控制变量对生态效率产生的影响。技术创新估计系数为正，表明推动技术进步和提升城市创新能力将改善城市生态效率。产业结构估计系数为正，表明以第三产业提升为演进趋势的产业结构变动提升了城市生态效率。金融发展变量估计系数为负，表明资本支出强度的提升在一定程度上弱化了城市生态效率，这可能与宽松的货币政策尤其是2008年金融危机以来大量资本的注入有关，在推动经济增长的同时资源与环境持续遭到破坏，对生态效率造成负效应。城市人口密度的估计系数为正，表明城市人口密度的增加有利于生态效率的改善。外资利用的估计系数为负，结论支持了外资进入在一定程度上增加了国内环境污染的观点。最后，环境规制的参数估计值为正，表明环境规制强度的提升有利于改善生态效率。此外，静态模型与动态模型估计结果区别不大，说明回归模型设定具有可靠性。

表3-3　城市集群发展对城市生态效率的影响

项目	(1)	(2)	(3)	(4)	(5)	(6)
	全时段：2003—2016年		第1时段：2003—2009年		第2时段：2010—2016年	
	FE	SYS-GMM	FE	SYS-GMM	FE	SYS-GMM
ln*IC*	0.2471***	0.2611***	0.2117**	0.2793***	0.3044***	0.3153***
	(3.06)	(3.37)	(2.32)	(3.24)	(3.38)	(3.97)
ln*PDEN*	0.0849***	0.0931***	0.103***	0.1125***	0.0643***	0.0862***
	(3.44)	(3.94)	(3.55)	(4.37)	(2.67)	(2.91)
ln*INDTH*	0.1155**	0.0829***	0.1015***	0.0976***	0.1202**	0.1019***
	(2.24)	(2.30)	(2.92)	(2.84)	(2.25)	(2.77)
ln*INNO*	0.0383***	0.0377***	0.0334***	0.0230***	0.0371***	0.0551***
	(4.99)	(4.48)	(4.77)	(4.35)	(4.92)	(5.83)
ln*LDR*	-0.0210*	-0.0177*	-0.0107**	-0.0110*	-0.0385*	-0.0210*
	(-1.69)	(-1.71)	(-1.99)	(-1.73)	(-1.79)	(-1.85)
ln*FDI*	-0.0249**	-0.0210**	-0.0104*	-0.0126*	-0.0288***	-0.0342**
	(-2.23)	(-2.19)	(-1.82)	(-1.91)	(-3.52)	(-2.13)

续表

项目	(1)	(2)	(3)	(4)	(5)	(6)
	全时段：2003—2016 年		第 1 时段：2003—2009 年		第 2 时段：2010—2016 年	
	FE	SYS - GMM	FE	SYS - GMM	FE	SYS - GMM
ln*ER*	0. 195 ***	0. 177 ***	0. 319 ***	0. 297 ***	0. 139 ***	0. 180 ***
	(10. 07)	(8. 07)	(7. 92)	(10. 88)	(7. 39)	(10. 57)
L. ln*EE*		0. 5136 ***		0. 6746 ***		0. 4024 ***
		(14. 02)		(24. 39)		(12. 37)
Constant	-0. 349 **	-0. 388 ***	-0. 1016 ***	-0. 1044 ***	-0. 4378 ***	-0. 4354 ***
	(-2. 52)	(-3. 32)	(-4. 39)	(-5. 73)	(-6. 89)	(-6. 86)
R^2	0. 4049		0. 3736		0. 4001	
Hausman	40. 51 ***		55. 66 ***		47. 94 ***	
Sargan - P		0. 1702		0. 2019		0. 1788
AR (2)		0. 2399		0. 3403		0. 3011
观测值	3864	3588	1932	1656	1932	1656

注：括号内为 t 统计量，*、**、*** 分别对应 10%、5%、1% 的显著性水平。Sargan 统计量检验是否存在过度识别问题，AR（2）为残差二阶序列相关检验，由于 Hausman 检验不支持随机效应，结果未汇报。

进一步地，研究期内城市集群程度较之于样本初期增幅有所加大，为此我们对全样本进行了分时段的考察，回归结果见第（3）—（6）列，我们重点关注 ln*IC* 估计系数值。观察可知，在第 1 时段，无论是静态模型还是动态模型结果，参数估计值均显著为正，这表明城市集群发展对于城市生态效率具有促进作用；在第 2 时段，参数估计值在静态模型中显著为正，动态模型中同样为正且通过了 1% 的显著性水平，表明城市集群发展对于城市生态效率的促进作用持续存在。此外，第 2 时段估计系数有所增加，说明集群对生态效率的正向边际效应有所增强。值得说明的是，分时段检验不仅表明了城市集群程度对于生态效率的提升作用以及其边际效应有所增强的结果，同时也可以作为方程稳健性检验的一个解释。具体说明如下：那些具有类似于环保政策效应的区域发展规划或是指令型规划可以较为快速地影响企业等微观市场主体的行为进而作用于污染排放。例如，2008 年之前服务于北京奥运的包含周边山西、内蒙古、河北等多个省

(市) 在产业、环保等方面采取的一系列措施；2008年金融危机的出现，大规模的产业调整、固定资产投资，以及不同区域多元化经济刺激政策的出台；此外，部分地区与生态环境治理、经济增长直接相关的且以城市集群区域为直接空间对象的发展规划也不断出台，如2008年长株潭城市集群、武汉都市圈相继获批设立“两型社会建设试验区”，资源节约型、环境友好型社会发展的提出有可能对上述地区生态效率变动产生影响。尽管分阶段的估计系数值有所增强有可能是我们错误地捕捉了上述政策的影响效果，但由于我们控制了环境规制变量，且环境规制效果通常就是环境政策的一种重要外在表现形式，因此，我们认为分阶段的回归结果具有可靠性，支持了随着城市集群程度的提升，其对于生态效率促进效应有所增强的结论。

3.5.2　稳健性检验

城市个体在“集群化”过程中凭借正向效应的获得使得城市生态效率得以提升。接下来探讨这一结果的可靠性，参考已有稳健性检验的常用思路，我们进行如下四个方面的稳健性检验①：剔除部分特殊值、滞后核心解释变量、集群程度的再估算、生态效率的再估算。

首先，剔除部分特殊值。通过观察城市集群程度的计算结果以及散点分布（见图3-6）可知，城市集群程度值IC存在较大的倍数差距，尽管在回归过程中，我们已经进行对数化处理，但这一数据分布形态仍可能会影响模型的估计结果。因此，我们首先计算了样本期内城市IC的均值，随后将均值前10%、后10%的城市予以剔除，得到221个城市，并对这一缩减样本进行回归，结果见表3-4第（1）列。与基本模型的回归结果相比，集群对于生态效率的影响仍然显著为正，估计系数相差较小，其余变量的回归结果变化不大，表明剔除部分样本之后的回归依然稳健。

其次，滞后核心解释变量。考虑到当期生态效率不会对历史城市集群

① 事实上，本书在前文还进行了另外两种稳健性检验，即通过分时段检验来降低诸如污染减排等政策工具带来的干扰，以及动态面板的检验。

变量产生影响，为缓解因可能存在的反向因果而导致的内生性问题，我们将城市集群程度 IC 滞后一期进行回归，结果见表 3 - 4 第（2）列。从 L. ln*IC* 的系数值可知，采用滞后期进行回归并不改变城市集群发展对城市生态效率存在显著正向效应的核心结论。

再次，集群程度的再估算。由于我们在核心解释变量集群程度的测度过程中对参照性中心城市人口标准和邻近城市空间距离范围门槛的设定存在一定主观性，因此，需要对人口、距离变量进行稳健性检验。借鉴原倩(2016)① 的研究思路，我们首先改变距离门槛，计算不同门槛距离的集群程度对城市生态效率的影响，即采用 150 万人口的参照性中心城市规模门槛，200 千米作为邻近城市选取的距离门槛进行回归。然后，我们改变参照性中心城市人口规模门槛，计算不同门槛人口规模的集群程度对城市生态效率的影响，即采用 150 千米的邻近城市距离门槛，100 万人口作为中心城市的规模门槛进行回归，相关的检验结果见表 3 - 4 第（3）、（4）列。与基本模型相比，不同测度门槛的城市集群程度对于生态效率依然存在正向作用，估计系数相差较小，其余变量的回归结果也基本稳健，表明本书计算集群程度选取的变量门槛是可信的。

最后，生态效率的再估算。当前在生态效率的测算过程中，非期望产出仍旧以“工业三废”为主。事实上，全球变暖已在全球范围内对人类可持续发展造成了一系列负面影响（Meinshausen et al. , 2009；Nakamura 和 Kato，2011；Ou et al. , 2013)②③④，能源消费排放的大量 CO_2 引致全球变暖与生态环境变化引起了大量学者的关注（Xie 和 Weng，2016；Bakhtyar

① 原倩．城市群是否能够促进城市发展[J]．世界经济，2016，39(9)：99 - 123.

② MEINSHAUSEN M，MEINSHAUSEN N，HARE W，et al. Greenhouse - gas emission targets for limiting global warming to 2 C[J]. Nature，2009，458：1158 - 1162.

③ NAKAMURA H，KATO T. Climate change mitigation in developing countries through interregional collaboration by local governments：Japanese citizens' preference[J]. Energy Policy，2011，39：4337 - 4348.

④ OU J，LIU X，LI X，et al. Quantifying the relationship between urban forms and carbon emissions using panel data analysis[J]. Landscape Ecological，2013，28：1889 - 1907.

et al. , 2014；Gökmenoglu 和 Taspinar，2016）①②③。然而，由于城市口径CO_2数据的缺乏，现有多数文献并未将其作为非期望产出纳入生态效率测度。为重估生态效率，本书在非期望产出综合指数中增加了估算的CO_2排放量。本书首先参照已有文献的思路（Li et al. , 2013；吴建新、郭智勇，2016）④⑤ 估算了2003—2016年样本城市二氧化碳的排放量⑥，并将最终估算的二氧化碳排放量与"工业三废"共同标准化，构建非期望产出综合指数，继而重估生态效率。在此基础上我们将重估的生态效率作为被解释变量进行回归检验，结果见表3－4第（5）列，集群程度提升仍然表现出对生态效率的正效应，估计系数相差较小。

表3－4　生态效率作为被解释变量的稳健性检验

项目	(1)	(2)	(3)	(4)	(5)
	剔除特殊值	滞后解释变量	更换核心变量		
	10%≤IC≤90%	L. IC	重估 IC		重估 EE
ln*IC*	0.3033***		0.2341***	0.2925***	0.2311**
	(3.97)		(3.26)	(3.58)	(2.08)
ln*PDEN*	0.0763**	0.0873***	0.0617**	0.0646***	0.1046***
	(2.42)	(3.43)	(2.01)	(3.39)	(4.33)

① XIE Y，WENG Q. Detecting urban－scale dynamics of electricity consumption at Chinese cities using time－series DMSP－OLS（Defense Meteorological Satellite Program－Operational Linescan System）nighttime light imageries[J]. Energy，2016，100：177－189.

② BAKHTYAR B，IBRAHIM Y，ALGHOUL M A，et al. Estimating the CO2 abatement cost：Substitute price of avoiding CO2 emission（SPAE）by renewable energy's feed in tariff in selected countries[J]. Renewable & Sustainable Energy Reviews，2014，35：205－210.

③ GÖKMENOĞLU K，TASPINAR N. The relationship between CO_2 emissions，energy consumption，economic growth and FDI：the case of Turkey[J]. Journal of International Trade & Economic Development，2016，25：706－723.

④ LI H，LU Y，ZHANG J，et al. Trends in road freight transportation carbon dioxide emissions and policies in China[J]. Energy Policy，2013，57：99－106.

⑤ 吴建新，郭智勇．基于连续性动态分布方法的中国碳排放收敛分析[J]．统计研究，2016，33（1）：54－60.

⑥ 注：在估算中，本书二氧化碳排放量为电力消耗、煤气和液化石油气消耗、交通运输能源消耗排放量三者加总，计算过程中，因城市年鉴交通货物运输量统计口径2014年前后不一，研究需要，本书利用外推法估算2015年、2016年两个年份数据。

续表

项目	(1)	(2)	(3)	(4)	(5)
	剔除特殊值	滞后解释变量	更换核心变量		
	10% ≤IC≤90%	L. IC	重估 IC		重估 EE
L. ln*IC*		0.2117 ***			
		(2.92)			
ln*INDTH*	0.0868 ***	0.0892 ***	0.1033 ***	0.0719 ***	0.0806 ***
	(3.35)	(3.44)	(3.65)	(2.88)	(3.17)
ln*INNO*	0.0336 ***	0.0215 ***	0.0203 ***	0.0307 ***	0.0228 ***
	(3.76)	(3.04)	(2.96)	(3.33)	(3.27)
ln*LDR*	-0.0236 *	-0.0245 **	-0.0336 ***	-0.0325 **	-0.0407 **
	(-1.93)	(-2.04)	(-2.96)	(-2.44)	(-2.55)
ln*FDI*	-0.0149 *	-0.0153	-0.0256 *	-0.0144	-0.0104 *
	(-1.76)	(-1.06)	(-1.88)	(-0.85)	(-1.85)
ln*ER*	0.1499 ***	0.1330 ***	0.1277 ***	0.1079 ***	0.1533 ***
	(9.35)	(8.67)	(7.47)	(6.31)	(10.18)
Constant	-0.2122 ***	-0.3378 ***	-0.3125 ***	-0.2933 ***	-0.3061 ***
	(-4.73)	(-6.89)	(-6.71)	(-5.28)	(-5.57)
R^2	0.4041	0.3423	0.4043	0.5155	0.2089
Hausman	58.99 ***	70.55 ***	50.33 ***	39.22 ***	46.73 ***
观测值	3094	3588	3864	3864	3864

注：稳健性检验采用普通静态面板回归进行估计，括号内为 t 统计量，*、**、*** 分别对应 10%、5%、1%的显著性水平。

3.5.3 基于不同维度分样本的实证结果分析

现有研究考察空间异质性问题常采用东、中、西的划分方式来进行，本书遵照这一惯例，首先考察东、中、西部地区城市在集群发展过程中对其生态效率的变动可能存在的异质性影响。回归方程的检验方式同全国样本一致，汇报静态、动态估计两种结果，为简洁起见，控制变量等不再汇报。

3.5.3.1　东、中、西部地区城市的异质性分析

表3－5上半部分为全时段回归结果。首先来看东部地区城市，第（1）（2）列中 ln*IC* 系数均在1%的显著性水平为正，表明东部地区城市集群程度的提升对于生态效率起到了促进作用。由于城市体系相对完整，集群程度较高，城市之间要素流动、产业分工与资源共享在较大程度上实现互联互通，有利于实现较高生产率；与此同时，根据 Alonso（1973）[①] 和 Phelps（2001、2004）[②③] 的研究可知，在中小城市分布密集地带，由于城市之间可以“互借规模”、发挥专业化分工与协作的比较优势，较小规模的城市可以获得单一规模大城市所享有的集聚经济，从而提升城市的经济效率。同时，由于城市密度较大，污染物的空间溢出属性迫使上述地区政府在环境规制方面逐渐由原来的“逐底竞争”策略转向“逐顶竞争”策略，污染减排力度、环境保护措施有所增强，生态效率得以改善（李胜兰等，2014）[④]。

中、西部地区城市估计系数均在5%的显著性水平为正。这表明，在中西部地区城市集群程度的提升对城市生态效率存在促进作用，然而这一推动作用与东部地区城市相比仍有一定差距。一方面，这可能是由于中西部地区经济发展相对落后，环保投入较少、环境规制水平较低，经济发展过程中出现的污染问题未能有效解决；尽管经济增长速度较快，但污染带来的负效应弱化了经济增长质量，因此集群程度的提升对于中西部地区城市的生态效率的正向影响显著性相对较低。另一方面，我国中西部地区城市集群的空间分布多为“单中心”现象，且中心城市的集群程度增速快于周围城市。这就有可能导致在中西部地区城市集群发展过程中，中心城市

---

① ALONSO W. Urban zero population growth[J]. Daedalus, 1973,109(4):191－206.

② PHELPS N A, FALLON R J, WILLIAMS C L. Small firms, borrowed size and the urban－rural shift[J]. Regional Studies, 2001, 35(7):613－624.

③ PHELPS N A. Clusters, dispersion and the spaces in between: for an economic geography of the Banal[J]. Urban Studies, 2004,41(5－6):971－989.

④ 李胜兰,初善冰,申晨. 地方政府竞争、环境规制与区域生态效率[J]. 世界经济, 2014(4): 88－110.

对于周围城市的发展存在一定的虹吸作用①，中心城市对于资源的集中占用导致集聚阴影的出现，在一定程度上制约了城市集群的发展，最终造成中西部地区城市生态效率提升幅度相对东部地区有限。

我们接着来看不同时段不同地区城市集群程度变动对于城市生态效率的影响。表 3-5 中间、下半部分分别为第 1、2 时段回归结果。首先来看东部地区城市，核心变量估计系数在两个时段均为正值，但第 2 时段系数值在通过 1% 的显著性水平下系数值有所降低。针对这一结论，一个可能的解释是：当前东部地区部分城市规模已经较大，同时城市密度相对较大，持续的城市集群程度的提升对城市生态效率的边际效应有所降低；与此同时，短时期内城市体系虽然相对完整但尚未成熟，集群发展引致的双重集聚外部性仍有待进一步发挥。其次，中部地区城市的参数估计值为正，且第 1、2 时段显著性水平及系数估计值基本维持不变，说明在控制其他条件不变的前提下，中部城市集群程度的持续提升有利于城市生态效率的改善。最后，对于西部城市而言，在第 2 时段参数估计值略微大于第1 时段，表明近年来集群发展对于城市生态效率的提升作用有所增强。

整合上述分析结果可知，当前，尽管存在作用效果的异质性差别，但东、中、西部地区城市集群程度的提升均有利于城市生态效率的改善。随着时间的推移，东部地区城市集群发展对于城市生态效率的正向边际效应有所降低，因此，适当控制其城市集群规模具有一定必要性，优化城市体系结构需要得到足够重视。中西部地区城市集群发展对于生态效率的正向作用逐渐显现，且并不存在东部地区城市集群发展的生态效率效应弹性值有所降低的现象，这一方面表明中西部地区城市集群存在较大发展空间，另一方面也进一步揭示了中西部地区通过提升城市集群发展程度增强城市生态效率驱动力的必要性。

---

① 第 7 章我们还将会对这一问题进行深入的探讨。

表3-5　城市集群发展对生态效率的影响：东、中、西样本

项目		(1)	(2)	(3)	(4)	(5)	(6)
		FE	SYS-GMM	FE	SYS-GMM	FE	SYS-GMM
		东		中		西	
全时段：2003—2016年	lnIC	0.3577*** (2.96)	0.3660*** (3.55)	0.0751* (1.82)	0.1028** (2.12)	0.0931** (2.24)	0.0685** (2.18)
	控制变量	Y	Y	Y	Y	Y	Y
	Time-effect	Y	Y	Y	Y	Y	Y
	City-effect	Y	Y	Y	Y	Y	Y
	R^2	0.3352		0.5335		0.2193	
	Hausman	17.86**		29.52***		25.84***	
	Sargan-P		0.0902		0.1119		0.1382
	AR (2)		0.2311		0.3003		0.2977
	Constant	-1.055** (-2.06)	-0.526*** (-2.66)	-0.663*** (-2.64)	-0.604** (-2.30)	-0.282** (-2.11)	-0.329** (-2.20)
	观测值	1386	1287	1400	1300	1078	1001
第1时段：2003—2009年	lnIC	0.3776*** (3.75)	0.4028*** (4.71)	0.0745* (1.77)	0.1020** (2.26)	0.0924** (2.28)	0.0770** (2.19)
	控制变量	Y	Y	Y	Y	Y	Y
	Time-effect	Y	Y	Y	Y	Y	Y
	City-effect	Y	Y	Y	Y	Y	Y
	R^2	0.2612		0.5112		0.1940	
	Hausman	29.46***		44.29***		27.32***	
	Sargan-P		0.1382		0.0944		0.1617
	AR (2)		0.3099		0.4031		0.2975
	Constant	-0.705** (-2.25)	-0.433* (-1.99)	-0.387*** (-2.50)	-0.379* (-1.99)	-0.261** (-2.27)	-0.292*** (-2.66)
	观测值	693	594	700	600	539	462
第2时段：2010—2016年	lnIC	0.3551*** (2.89)	0.3968*** (3.48)	0.0788** (2.01)	0.1101** (1.96)	0.0978** (2.23)	0.0850** (2.11)
	控制变量	Y	Y	Y	Y	Y	Y
	Time-effect	Y	Y	Y	Y	Y	Y
	City-effect	Y	Y	Y	Y	Y	Y

续表

项目		(1)	(2)	(3)	(4)	(5)	(6)
		FE	SYS - GMM	FE	SYS - GMM	FE	SYS - GMM
		东		中		西	
第2时段：2010—2016年	R^2	0.4355		0.4432		0.2823	
	Hausman	24.61 ***		27.68 ***		20.33 ***	
	Sargan - P		0.1022		0.1902		0.1385
	AR (2)		0.1991		0.3083		0.4012
	Constant	-0.991 ***	-0.344 *	-1.205 *	-0.0859	-0.810 **	-0.2153 ***
		(-3.96)	(-1.99)	(-1.88)	(-0.39)	(-2.37)	(-3.07)
	观测值	693	594	700	600	539	462

注：括号内为 t 统计量，*、**、*** 分别对应 10%、5%、1% 的显著性水平。Sargan 统计量检验是否存在过度识别问题，AR（2）为残差二阶序列相关检验，因表格绘制需要，我们仅汇报核心关注变量，除非特别指出，全书同。

3.5.3.2 核心与边缘城市的异质性分析

集群演化过程通常导致核心城市以及边缘城市的出现，这一过程对核心城市与边缘城市的生态效率的影响又如何？借鉴 Portnov 和 Schwartz (2009)[①] 对于核心—边缘城市的划分思路，我们对 2003—2016 年各城市集群程度取均值，将大于样本均值的归入核心城市，小于均值的列入边缘城市，并继续汇报静态模型、动态模型两种检验结果。需要说明的是，在部分已有的城市群文献中，其核心城市往往设定为单一城市，本书所采取的处理思路与已有的文献相比，所选取的核心城市涵盖了上述常见的处理方式的所有城市，且同时兼顾了部分多中心城市集群的发展模式，更具一般性。

表 3 -6 上半部分为全时段的模型回归结果。首先来看核心城市，lnIC 的估计系数显著为正，表明对于核心城市来说，其集群程度的提升对于生态效率起到了正向促进作用。边缘城市 lnIC 的估计系数为正，且在静态与

① PORTNOV B A, SCHWARTZ M. Urban clusters as growth foci[J]. Journal of Regional Science, 2009, 49(2):287 -310.

动态模型中均至少通过了5%的显著性水平检验，表明集群程度的提升对于边缘城市的生态效率同样起到了正向促进作用。但相较而言，集群程度提升带来的生态效率正效应在核心城市相对明显。这种差异在一定程度上可以理解为：一方面，由于核心地区往往是推动生态效率进步的要素的产生点与推广点，例如，作为优质要素的集聚地，核心城市往往成为绿色生产技术率先产生、投放的市场；地理区位的差异导致空间邻近效应的不同，使得核心与边缘城市在承接外来冲击时出现生态效率提升效应的圈层传播结构，致使核心与边缘出现不同；另一方面，核心城市多为区域发展战略的集中覆盖区，不同的发展战略规划往往对核心区形成多层次覆盖，这将进一步促使优质要素向核心城市集聚，由此而来的集聚经济效应引致的"循环累积"相较于边缘城市更为明显。

接着来看不同时段不同城市面对城市集群程度提升时其生态效率响应程度。表3-6中间、下半部分分别为第1、2时段回归结果。首先来看核心城市，参数估计值在两个时段均为正，但第2时段显著性水平及系数值均有所增强，表明核心城市对于其集群程度提升所引致的城市生态效率的正响应有所增强；其次，边缘城市的参数估计值为正，且第1、2时段显著性水平及系数估计值变化不大，表明边缘城市对于其集群程度提升所带来的生态效率的正响应差异不大。归结分析可知，城市集群程度的提升对于核心与边缘城市而言均有利于其生态效率的改善，但存在阶段性差异，核心城市对于城市集群程度提升引致的生态效率的正响应有所增强，而边缘城市则尚未呈现出时序变化的较强敏感性，正响应变化不大。

表3-6　城市集群发展对生态效率的影响：核心—边缘样本

项目		(1)	(2)	(1)	(2)
		FE	SYS-GMM	FE	SYS-GMM
		核心		边缘	
全时段：2003—2016年	ln*IC*	0.3091*** (3.78)	0.4595*** (4.29)	0.0802** (1.99)	0.1171*** (3.10)
	控制变量	Y	Y	Y	Y

续表

项目		(1)	(2)	(1)	(2)
		FE	SYS - GMM	FE	SYS - GMM
		核心		边缘	
全时段：2003—2016 年	Time - effect	Y	Y	Y	Y
	City - effect	Y	Y	Y	Y
	R^2	0.4881		0.3712	
	Hausman	32.00 ***		20.74 ***	
	Sargan - P		0.1688		0.1777
	AR（2）		0.3076		0.4078
	Constant	-0.3846 ** (-2.01)	-0.3275 * (-1.99)	-0.3411 * (-1.95)	-0.3037 * (-1.78)
	观测值	532	494	3332	3094
第 1 时段：2003—2009 年	ln*IC*	0.2680 ** (2.28)	0.4157 *** (4.44)	0.0445 (0.65)	0.0832 ** (2.31)
	控制变量	Y	Y	Y	Y
	Time - effect	Y	Y	Y	Y
	City - effect	Y	Y	Y	Y
	R^2	0.4411		0.3395	
	Hausman	35.48 ***		34.89 ***	
	Sargan - P		0.1081		0.0977
	AR（2）		0.2986		0.3768
	Constant	-0.4050 *** (-2.62)	-0.7621 ** (-2.31)	-1.1701 (-1.56)	-0.4402 * (-1.72)
	观测值	266	228	1666	1428
第 2 时段：2010—2016 年	ln*IC*	0.3729 *** (3.88)	0.5149 *** (5.35)	0.203 * (1.97)	0.0982 ** (2.22)
	控制变量	Y	Y	Y	Y
	Time - effect	Y	Y	Y	Y
	City - effect	Y	Y	Y	Y
	R^2	0.4576		0.3898	
	Hausman	31.50 ***		20.74 ***	
	Sargan - P		0.2155		0.1331

续表

项目		(1)	(2)	(1)	(2)
		FE	SYS - GMM	FE	SYS - GMM
		核心		边缘	
第 2 时段：2010—2016 年	AR（2）		0.2978		0.4598
	Constant	-1.0137 **	-0.4597 **	-0.3459	-0.1173 *
		(-2.12)	(-2.07)	(-0.32)	(-1.74)
	观测值	266	228	1666	1428

注：括号内为 t 统计量，*、**、*** 分别对应 10%、5%、1% 的显著性水平。Sargan 统计量检验是否存在过度识别问题，AR（2）为残差二阶序列相关检验。

3.6　本章小结

在中国城市集群建设与绿色发展理念并行的战略背景下，探讨二者的关系具有重要的意义。本章首先较为详细地阐述了研究对象所采用指标变量的思路来源以及学术选择依据。在此基础上，交代了本书研究对象的合理性以及与已有研究的区别，并确立了本书“以简单有效变量获取为基准，行经济现象系统分析之目的”的行文思路。接着，借鉴已有研究，本章估算了中国城市集群程度以及城市生态效率面板数据，随后基于相关数据较为全面地分析了城市集群对于城市生态效率的影响，并探讨了存在的异质性问题，主要结论与研究意义如下：

（1）研究期内城市集群程度提升显著，城市集群化发展推进速度加快。城市集群程度呈现由北到南、由西到东双向递增的空间态势，集群发展存在明显的空间不均衡。中西部地区城市集群发展的“核心—边缘”现象较为显著，部分地区集群发展“单核心”现象较为明显。少数地区城市集群程度较高、发育相对成熟，多数地区仍存在较大集群提升潜能和集群扩展腹地。

（2）研究期内，城市生态效率总体仍较低，但呈波动上升趋势，有了一定程度的改善。从时序变动来看，不同水平的城市呈现显著“梯度化”分异特征。从空间分布来看，东部城市生态效率值略高于中西部的梯级空间分布特征存在于整个研究期内，且近年来有所增强；效率值的空间分布集聚化趋势有所加强。

（3）城市集群对城市生态效率起到正向促进作用，集群程度每提高1个百分点，城市的生态效率增长0.24～0.26个百分点，推动城市集群建设已成为提升城市生态效率的一个重要驱动力。这一结论在一定程度上揭示了个体城市在“集群化”过程中，通过城市间相互作用有效地降低了城市集聚不经济的影响，提升了资源的空间配置效率与环保绩效。进一步地分时段研究结果表明随着中国城市集群建设的加快，集群程度的提升对于生态效率的正向边际效应有所增强。

（4）城市集群对生态效率的效应存在异质性。从地区层面看，东、中、西部地区城市集群程度的提升均有利于城市生态效率的改善。随着时间的推移，东部城市集群发展对于城市生态效率的正向边际效应有所降低，因此，适当控制其城市集群规模具有一定的必要性，优化其体系结构需要得到足够重视。中西部城市集群发展对于生态效率的正向作用逐渐显现，且无论是城市集群程度还是城市集群驱动城市生态效率的正向促进作用均存在较大提升空间。从集群程度层面看，城市集群程度的提升对于核心与边缘城市而言均有利于其生态效率的改善，但存在阶段性差异，核心城市对于城市集群程度提升引致的生态效率的正响应有所增强，而边缘城市则尚未呈现出时序变化的较强敏感性，正向响应变化不大。

（5）本章的研究意义在于，依据所得城市集群快速推进、生态效率逐渐提升的事实基础，实证讨论了城市集群对于城市生态效率的影响，为推进城市集群建设及提升城市生态效率提供了较为科学的实证依据。一方面，中国绿色发展这一预期目标的实现要坚持推进城市集群发展模式，要积极促进相对成熟的长三角、珠三角、京津冀三大城市集群的发展，同时要防止东部地区城市集群的过度粗放化扩张，要更加注重其城市体系与层级结构的合理性。另一方面，要加大对中西部地区城市集群发展的政策倾斜与培育力度。积极推动具有较强发展潜力的成渝、长江中游、哈长等城市集群的发展，提升其生态效率。此外，在培育中西部地区城市集群发展过程中，要避免出现中心城市规模过度蔓延，中小城市弱化的“断层式”空间结构，力争使生态效率相对均衡发展。接下来，我们将在本章实证的基础上探讨城市集群影响城市生态效率的作用机理。

第 4 章　城市集群影响城市生态效率的机制检验：市场整合提升路径

4.1　引言

从城市集群的发育过程来看，集群程度的提升是城市数量由少到多，城市规模由小到大的持续变化过程。在这一过程中，城市之间的空间距离也随之变动，并出现逐渐缩小的趋势，城市空间外延导致城市联系逐渐紧密并有可能强化地区间商品市场和产品市场的进一步往来，降低其商品贸易成本，增强要素与产品市场联系，并促使地区市场整合。正如已有研究指出，城市集群是各个城市之间生产、消费和贸易的集中，这种集中不仅为各种生产者提供市场，促进经济专业化和专业制造商的生产，而且为不同制造商的消费者和贸易提供便利（Bertinelli 和 Black，2004；Fang 和 Yu，2017）①②。那么城市集群程度的提升是否促进了市场整合呢？这有待于进一步检验。与此同时，近年来，有关市场整合的增长效应逐渐拓展至生态环境领域，市场整合与污染排放、市场整合与环境、能源、生态效率的关系逐渐引起学者们的关注（周愚、皮建才，2013；魏楚、郑新业，2017；

① BERTINELLI L, BLACK D. Urbanization and growth [J]. Journal of Urban Economics, 2004, 56(1):80 - 96.

② FANG C, YU D. Urban agglomeration: an evolving concept of an emerging phenomenon [J]. Landscape & Urban Planning, 2017, 162:126 - 136.

孙博文，2018)①②③。多数学者认为，市场整合程度的变动存在生态环境效应，但已有文献并未探讨城市集群变动与市场整合可能存在的关系，这也就造成将城市集群动态演化、市场整合与生态效率三者结合起来的有关探讨缺乏的现象。为弥补这一不足，在第2章机理分析中，我们详细阐述了城市集群如何通过影响市场整合进而作用于城市生态效率的传导机理，并提出城市集群存在市场整合效应及异质性的理论假设。

进一步地，由第3章可知，城市集群成为城市生态效率提升的有效驱动力，我们初步推断城市集群可以通过推动市场整合进而作用于生态效率。然而这一过程是否真实存在尚未进行实证检验，由于城市集群程度存在异质性，基于市场整合路径的作用机制又如何呈现？为回答上述问题，本章主要内容安排如下：首先，测度市场整合这一关键变量，并概述其特征；其次，构建中介效应模型检验市场整合路径下城市集群影响城市生态效率的作用机理是否存在，并进行相应的实证分析和进一步考察；最后，给出本章的主要结论。

4.2 市场整合变量测度及特征分析

4.2.1 市场整合测度方法

为考察城市集群能否通过作用于市场整合来影响城市生态效率，测算市场整合程度成为一个重要环节。当前测算市场整合主要有以下几种方法：贸易流量法（刘易昂、赖德胜，2016)④、生产法（郑毓盛、李崇高，

---

① 周愚，皮建才．区域市场分割与融合的环境效应：基于跨界污染的视角［J］．财经科学，2013(4)：101－110.

② 魏楚，郑新业．能源效率提升的新视角——基于市场分割的检验［J］．中国社会科学，2017(10)：90－111.

③ 孙博文．市场一体化是否有助于降低污染排放？——基于长江经济带城市面板数据的实证分析［J］．环境经济研究，2018，3(1)：37－56.

④ 刘易昂，赖德胜．基于引力模型的我国产品市场分割因素研究——来自省际铁路货运贸易的面板数据［J］．经济经纬，2016，33(1)：132－137.

2003)[①]、专业指数法（白重恩，等，2004)[②]、价格指数法（盛斌、毛琪琳，2011；范欣，等，2017)[③④]。桂琦寒等（2006)[⑤] 对这些方法进行了比较，并认为价格指数法相对而言更能准确反映相邻空间单元之间的市场整合状况。因此，本书沿用这一方法。其根本思想是以不同区域间商品价格的差异来衡量市场整合的演进状况与存在的区域异质性。参照盛斌和毛琪琳（2011)[⑥] 的做法，首先对具有环比价格指数形式的商品零售价格进行相对价格处理，具体如下：

$$\Delta Q_{ijt}^{k} = \ln\left(\frac{p_{it}^{k}}{p_{jt}^{k}}\right) - \ln\left(\frac{p_{it}^{k}}{p_{jt}^{k}}\right) = \ln\left(\frac{p_{it}^{k}}{p_{it-1}^{k}}\right) - \ln\left(\frac{p_{jt}^{k}}{p_{jt-1}^{k}}\right) \tag{4-1}$$

式（4-1）中，i、j 分别表示两个空间单元，k 为商品类型，t 为时间，p 为商品价格指数。进一步地，对式（4-1）取绝对值，有如下：

$$|\Delta Q_{ijt}^{k}| = \left|\ln\left(\frac{p_{it}^{k}}{p_{it-1}^{k}}\right) - \ln\left(\frac{p_{jt}^{k}}{p_{jt-1}^{k}}\right)\right| \tag{4-2}$$

地区商品价格变动可能与商品本身的某些特性，以及不同区域市场环境或者其他随机因素有关。因此，消除可能包含在 $|\Delta Q_{ijt}^{k}|$ 中的由于商品特性引发的价格因素差异，在一定程度上有利于实现对市场整合较为准确的度量。设有：$|\Delta Q_{ijt}^{k}| = a^{k} + \varepsilon_{ijt}^{k}$ ，其中 a^{k} 与商品自身特殊属性有关，ε_{ijt}^{k} 表示因与任意两地区 i、j 的市场环境相关所引起的价格差异。通过对研究区域范围内的商品 k 的 $|\Delta Q_{ijt}^{k}|$ 进行均值处理得到 $|\Delta \overline{Q_{ijt}^{k}}|$ ，随后根据任意两地区 i、j 间的 $|\Delta Q_{ijt}^{k}|$ 减去前述均值，得到如下结果：

---

① 郑毓盛，李崇高．中国地方分割的效率损失[J]．中国社会科学，2003(1)：64-72.

② 白重恩，杜颖娟，陶志刚，等．地方保护主义及产业地区集中度的决定因素和变动趋势[J]．经济研究，2004(4)：29-40.

③ 盛斌，毛其淋．贸易开放、国内市场一体化与中国省际经济增长：1985—2008 年[J]．世界经济，2011(11)：44-66.

④ 范欣，宋冬林，赵新宇．基础设施建设打破了国内市场分割吗？[J]．经济研究，2017，52(2)：20-34.

⑤ 桂琦寒，陈敏，陆铭，等．中国国内商品市场趋于分割还是整合：基于相对价格法的分析[J]．世界经济，2006(2)：20-30.

⑥ 盛斌，毛其淋．贸易开放、国内市场一体化与中国省际经济增长：1985—2008 年[J]．世界经济，2011(11)：44-66.

$$q_{ijt}^{k} = \varepsilon_{ijt}^{k} - \overline{\varepsilon_{ijt}^{k}} = |\Delta Q_{ijt}^{k}| - |\Delta \overline{Q_{ijt}^{k}}| = (a^{k} - \overline{a^{k}}) + (\varepsilon_{ijt}^{k} - \overline{\varepsilon_{ijt}^{k}}) \tag{4-3}$$

式（4－3）中 q_{ijt}^{k} 即为仅与地区间市场分割因素有关的价格变动部分，随后求其方差 $var(q_{ijt})$，并在此基础上计算样本期间省（市）组合的相对价格方差及相关合并，最终得到各省（市）与其他地区的市场分割指数 SEG_{it}，进一步计算市场整合指数：$INTEG_{it} = \sqrt{1/SEG_{it}}$。需要说明的是，当前中国商品零售价格指数采用的主要的官方统计口径为省级行政区，因此，参照已有文献（王良健，等，2015；原倩，2016）①② 类似实证中的处理思路，本书首先用省级市场整合度作为城市样本的市场整合度的代理变量，样本观测值扩展为3864（276×14）个。另外，下文我们还进一步收集数据，采用经过样本缩减的面板数据来测算新的市场整合指数，对这一作用机制进行更深入的探讨。

4.2.2　市场整合特征分析

图4－1描绘了经过测算的2003—2016年中国市场整合度的均值，观察可知，研究期间内中国市场整合程度在经历短暂回落后，总体呈上升趋势，由2003年的3.42上升到2016年的5.92，可见2003年以来，中国市场分割指数下降，国内市场整合程度在波动中趋于上升。

进一步地，我们观察了市场整合程度的空间分布，发现部分沿海地区城市和中西部相对发达地区省份城市市场分割指数较低，市场整合程度相对较优。通过上述数据的直观分析，我们初步认为，国内市场整合与城市集群程度、生态效率存在一定的相关性，由此推断城市集群发展可以产生市场整合效应进而作用于城市生态效率。接下来我们将通过实证检验相关假设，并就结果展开详细的分析。

---

① 王良健，李辉，石川．中国城市土地利用效率及其溢出效应与影响因素［J］．地理学报，2015，70（11）：1788－1799.

② 原倩．城市群是否能够促进城市发展［J］．世界经济，2016，39（9）：99－123.

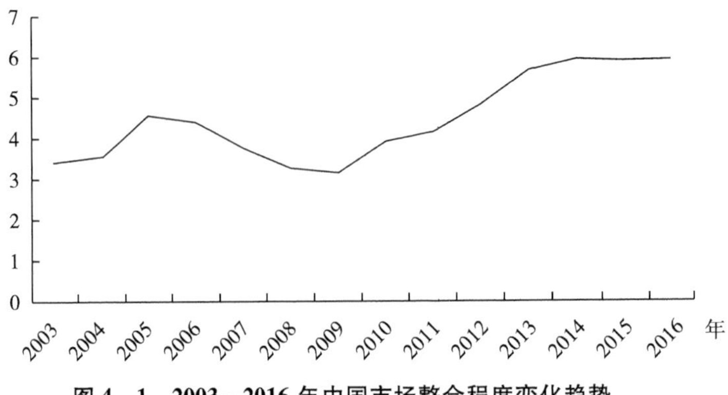

图 4－1　2003—2016 年中国市场整合程度变化趋势

4.3　实证研究

4.3.1　基于市场整合的中介效应模型设定

在作用机制的实证检验过程中常用的实证模型有中介效应模型、调节效应模型、结构方程模型。本部分将选择中介效应模型进行作用机制的实证检验及相关分析。为此，构建如下模型：

$$\ln EE_{i,t} = \alpha_0 + \alpha_1 \ln IC_{i,t} + \sum_{j=1}^{n} \delta_j \ln X_{ji,t} + \mu_{i,t} + \theta_{i,t} + \varepsilon_{i,t} \quad (4-4)$$

$$\ln INTEG_{i,t} = \beta_0 + \beta_1 \ln IC_{i,t} + \sum_{j=1}^{n} \delta_j \ln X_{ji,t} + \mu_{i,t} + \theta_{i,t} + \varepsilon_{i,t} \quad (4-5)$$

$$\ln EE_{i,t} = \gamma_0 + \gamma_1 \ln INTEG_{i,t} + \sum_{j=1}^{n} \delta_j \ln X_{ji,t} + \mu_{i,t} + \theta_{i,t} + \varepsilon_{i,t} \quad (4-6)$$

$$\ln EE_{i,t} = \rho + \rho_0 \ln IC_{i,t} + \rho_1 \ln INTEG_{i,t} + \sum_{j=1}^{n} \delta_j \ln X_{ji,t} + \mu_{i,t} + \theta_{i,t} + \varepsilon_{i,t} \quad (4-7)$$

上述四个等式中，式（4－4）为前文第 3 章基础模型，用于检验城市集群程度的提升对于城市生态效率的影响。为检验中介效应模型，在式（4－4）的基础上依次进行式（4－5）～（4－7）的检验：式（4－5）用于检验城市集群发展对于市场整合的影响，以判断城市集群发展是否有利于推动市场整合及其显著性与否。式（4－6）用于检验市场整合变动对于城市生态效率的影响，以判断作用机制环节的完整性与连续性。式(4-7)用于检验同时引入中介变量与核心解释变量时城市生态效率的敏感性。模型中介变量为市场整合度指数 $Integ_{i,t}$ ，回归过程中同样进行对数化处理，其余变量同前述章节，不再赘述。

根据已有研究（温忠麟，等，2004）① 可知，要论证是否存在中介效应需要检验以下几个步骤：首先，考察未引入中介变量时，模型中核心解释变量与被解释变量的显著性关系；其次，考察核心解释变量对中介变量的作用是否显著存在；再次，考察中介变量对被解释变量的作用是否显著存在；最后，将中介变量和核心解释变量同时引入回归模型，再次考察核心解释变量对被解释变量的作用，若前述四个环节所关注的系数均显著，且纳入中介变量之后核心解释变量对被解释变量的影响程度降低，则表明存在中介效应，作用机制成立。

4.3.2 实证结果分析

4.3.2.1 全样本分析

我们在第3章探讨城市集群发展影响城市生态效率时，分别进行了静态、动态模型检验，且从回归结果可知采用不同检验方法的结果较为稳健，模型设定也具有可靠性；鉴于此，本章及随后章节的作用机制分析过程中不再选择全部检验方式，除非特别指出，均采用普通面板进行回归分析。模型（4-4）~（4-7）的回归结果列于表4-1。

第（1）列检验结果与第3章一致，参数估计值表明城市集群发展对于生态效率存在正向影响，此为中介效应模型第一步。第（2）列用于检验中介效应模型第二步，观察可知，参数估计值在1%的水平显著为正，说明城市集群程度的提升对市场整合产生正向影响，推动了市场整合。第（3）列用于检验中介效应模型第三步，参数估计值在1%的水平显著为正，表明市场整合程度的提升有利于改善生态效率。最后，观察第（4）列可

① 温忠麟，张雷，侯杰泰，等．中介效应检验程序及其应用[J]．心理学报，2004，36(5)：614-620.

知，城市集群发展对生态效率产生正向促进作用，同时，系数估计值由模型1的0.2471下降至模型4的0.2196，表明中介效应存在，这一结果验证了假说1。基于以上检验，我们认为：城市集群发展能够通过推动市场整合进而提升生态效率；随着城市集群不断推进，城市间空间距离的演变、技术水平结构的变动等一系列综合要素随之产生变动，这种因城市集群程度不断提升而引致的动态调整进一步推动了中国城市市场整合程度的改善；与此同时，鉴于自身利益与地区共同利益的考虑，城市集群还进一步通过地方财政支出对地区经济发展与市场整合产生促进作用，随着市场整合的改善，贸易成本下降、地区资源配置效率逐步得到提升，产业结构逐渐优化，环保技术的传播及溢出得到增强，城市经济发展与环保取得不断进步，生态效率得以提升。

关于可能存在的内生性问题，值得注意的是，在上述作用机制的检验过程中，我们发现市场整合可能与城市集群发展存在某种反向因果关系。例如，市场整合的推进尤其是具有较强政策干预性的整合命令的实施有可能成为推动企业选址、人口流动的因素，这将反作用于城市集群程度的提升，因此，对于这种可能存在的反向因果造成的内生性问题，我们在传导机制的第一阶段采用城市集群程度的滞后一期来降低内生性的干扰，并考察其对市场整合的影响，回归结果见第（5）列，其参数估计值为0.1121，与采用当期的系数估计值0.1048基本一致，表明了研究结果的稳健性。

表4-1　全样本市场整合路径回归结果

项目	(1)	(2)	(3)	(4)	(5)
	ln*EE*	ln*INTEG*	ln*EE*	ln*EE*	ln*INTEG*
ln*IC*	0.2471***	0.1048***		0.2196***	
	(3.06)	(2.79)		(3.03)	
L. ln*IC*					0.1121***
					(3.69)
ln*PDEN*	0.0849***	0.110***	0.0728***	0.0804***	0.103***
	(6.39)	(3.44)	(6.62)	(2.83)	(3.26)

续表

项目	(1)	(2)	(3)	(4)	(5)
	ln*EE*	ln*INTEG*	ln*EE*	ln*EE*	ln*INTEG*
ln*LDR*	-0.0210 *	-0.0733 ***	-0.0256	-0.0263 *	-0.0284 ***
	(-6.17)	(-1.69)	(-4.83)	(-0.97)	(-1.73)
ln*FDI*	-0.0249 **	-0.0235 ***	0.0081	-0.0527	-0.0257 ***
	(-4.21)	(-2.23)	(-4.08)	(0.07)	(-0.05)
ln*ER*	0.195 ***	-0.0414 ***	0.198 ***	0.197 ***	0.0435 ***
	(3.71)	(10.07)	(-3.58)	(10.32)	(10.22)
ln*INDTH*	0.1155 **	-0.0816	0.0849	0.1202 *	0.0443 *
	(1.68)	(2.24)	(-1.58)	(0.13)	(2.29)
ln*INNO*	0.0383 ***	0.0878 ***	0.0329 ***	0.0308 ***	0.0817 ***
	(20.09)	(4.99)	(23.00)	(4.27)	(3.95)
ln*INTEG*			0.2632 ***	0.2512 ***	
			(5.36)	(5.33)	
Constant	-0.349 **	1.977 ***	-0.345 ***	-0.469 ***	1.949 ***
	(24.06)	(-2.52)	(25.98)	(-2.61)	(-3.36)
Time - effect	Y	Y	Y	Y	Y
City - effect	Y	Y	Y	Y	Y
R^2	0.4049	0.4533	0.3579	0.5066	0.5219
Hausman	40.51 ***	58.53 ***	33.41 ***	60.22 ***	37.39 ***
观测值	3864	3864	3864	3864	3588

注：括号内为 t 统计量，*、**、*** 分别对应 10%、5%、1% 的显著性水平；前 4 列为中介效应检验，第 5 列为考虑可能存在内生性进行的滞后一期检验。

4.3.2.2　分样本 1：东、中、西回归结果分析

前文通过实证检验了基于市场整合的作用路径，表明城市集群发展存在市场整合效应，可以通过促进市场整合进而推动城市生态效率的提升。接下来我们将对样本进行划分，探讨中介效应的异质性问题并验证假说 2，以期更为深入地认识城市集群影响生态效率的作用机制。

表 4-2 为东、中、西分样本的作用机制检验结果。我们首先来看东部地区。第（1）列检验结果与第 3 章一致，参数估计值表明了集群发展对

于生态效率的正向促进作用。第（2）列用于检验中介效应模型第二步，观察可知，参数估计值在5%的水平显著为正，说明城市集群程度的提升对市场整合产生正向影响。第（3）列用于检验中介效应模型第三步，参数估计值在1%的水平显著为正，表明市场整合程度的提升有利于改善生态效率。观察第（4）列可知，城市集群发展对生态效率产生正向促进作用，同时系数估计值由模型1的0.3577下降至模型4的0.3095，表明存在中介效应。可见，在东部地区随着城市集群不断推进，地区间市场整合程度得到提升，城市生态效率改善。接着，我们来看中部地区。第（1）列检验结果与第3章一致，参数估计值表明集群发展对于生态效率产生正向推动作用。第（2）列用于检验中介效应模型第二步，观察可知，参数估计值在1%的水平显著为正，说明城市集群程度的提升对市场整合产生正向影响。第（3）列用于检验中介效应模型第三步，参数估计值在5%的水平显著为正，表明市场整合程度的提升有利于改善生态效率。观察第（4）列可知，城市集群发展对生态效率产生正向促进作用，同时，系数估计值由模型1的0.0751下降至模型4的0.0668，表明存在部分中介效应，可见在中部地区城市集群程度的提升同样可以推动市场整合进而对城市生态效率产生正向影响。最后，我们来看西部地区。第（1）列检验结果与第3章一致，参数估计值揭示了集群发展对于生态效率的正向影响。第（2）列用于检验中介效应模型第二步，观察可知，参数估计值在1%的水平显著为正，说明城市集群程度的提升对市场整合产生正向影响。第（3）列用于检验中介效应模型第三步，参数估计值在5%的水平显著为正，表明市场整合程度的提升有利于改善生态效率。观察第（4）列可知，城市集群发展对生态效率产生正向促进作用，同时，系数估计值由0.0931下降至0.0849，表明在西部地区，城市集群程度的提升同样可以通过市场整合这个中介变量对城市生态效率产生有利影响。

归结上述分析可知，在不同地区随着城市集群发展，均可以有效推动地区间市场整合程度的提升，继而对城市生态效率产生正向促进作用。

进一步地，我们将不同地区的中介效应模型的同一阶段回归方程的不同系数值进行对比发现，在作用路径的同一环节，不同地区城市存在系数敏感程度的区别，以集群程度提升1个百分点为例，东、中、西部地区城市市场整合程度分别上升0.1925个、0.0689个、0.0770个百分点。可见，中西部地区城市的市场整合反应系数均显著小于东部沿海地区城市的市场整合反应系数，这在一定程度上表明与东部沿海地区的城市相比，中西部地区的城市对于弱化地方保护、推动市场整合相对不敏感；而沿海地区城市在城市集群发展过程中由于拥有较强综合实力和较优地理区位，往往具备更高程度的市场分工参与意愿和更为广阔的市场分工参与空间，以期推动经济发展与环境保护的合作共赢。

表4-2　东、中、西样本市场整合路径回归结果

项目		(1)	(2)	(3)	(4)
		lnEE	lnINTEG	lnEE	lnEE
东部	lnIC	0.3577*** (2.96)	0.1925** (1.99)		0.3095*** (2.61)
	lnINTEG			0.2497*** (3.49)	0.2308*** (3.10)
	控制变量	Y	Y	Y	Y
	Time-effect	Y	Y	Y	Y
	City-effect	Y	Y	Y	Y
	Constant	-1.055** (-2.06)	2.022*** (16.21)	-0.432** (-2.44)	-0.617*** (-3.08)
	R^2	0.3352	0.3877	0.4451	0.3011
	Hausman	17.86**	28.64**	37.85***	27.44***
	观测值	1386	1386	1386	1386
中部	lnIC	0.0751** (1.99)	0.0689*** (3.70)		0.0668** (1.91)
	lnINTEG			0.1208** (2.15)	0.1086** (2.07)
	控制变量	Y	Y	Y	Y
	Time-effect	Y	Y	Y	Y
	City-effect	Y	Y	Y	Y

续表

项目		(1)	(2)	(3)	(4)
		lnEE	lnINTEG	lnEE	lnEE
中部	Constant	-0.663 *** (-2.64)	1.855 *** (21.00)	-0.0348 (-0.18)	-0.136 (-0.68)
	R^2	0.5335	0.6322	0.5017	0.5388
	Hausman	29.52 ***	40.55 ***	67.33 ***	31.58 ***
	观测值	1400	1400	1400	1400
西部	lnIC	0.0931 ** (2.24)	0.0770 *** (2.76)		0.0849 ** (2.11)
	lnINTEG			0.1062 ** (2.09)	0.1041 ** (2.03)
	控制变量	Y	Y	Y	Y
	Time - effect	Y	Y	Y	Y
	City - effect	Y	Y	Y	Y
	Constant	-0.282 ** (-2.11)	1.982 *** (13.25)	-0.412 (-1.50)	-0.489 * (-1.73)
	R^2	0.2193	0.3054	0.3177	0.2988
	Hausman	25.84 ***	30.83 ***	40.11 ***	29.77 ***
	观测值	1078	1078	1078	1078

注：括号内为 t 统计量，*、**、*** 分别对应 10%、5%、1% 的显著性水平，控制变量未汇报。

4.3.2.3 分样本 2：核心—边缘回归结果分析

在区域发展战略和城镇化战略的共同驱动下，中国城市群建设快速推进，在这一过程中存在核心与边缘空间结构现象的集群分布有所加强。一个值得思考的问题是，政府可能更关注区域内不同地区之间的融合，而忽视跨区域之间的分工与合作，也就是说传统的板块经济仍然占有重要地位。但同时，又有研究表明，中国市场分割存在空间集聚现象（范欣，等，2017）①，越是邻近的地方越有可能产生地方保护，那么，在城市集群

① 范欣，宋冬林，赵新宇．基础设施建设打破了国内市场分割吗？[J]．经济研究，2017，52(2)：20-34.

发展过程中核心城市的市场整合效应如何呈现？边缘城市的市场整合效应又如何？鉴于此，我们选择核心与边缘的方式进行异质性分析。

表4-3为分样本2的作用机制检验结果。我们首先来看核心城市。第（1）列检验结果与第3章一致，参数估计值表明城市集群发展对于生态效率存在正向影响。第（2）列用于检验中介效应模型第二步，观察可知，参数估计值在1%的水平显著为正，说明城市集群程度的提升对市场整合产生正向影响。第（3）列用于检验中介效应模型第三步，参数估计值在5%的水平显著为正，表明市场整合程度的提升有利于改善生态效率。观察第（4）列可知，城市集群发展对生态效率产生正向促进作用，同时，系数估计值由模型1的0.3091下降至模型4的0.2746，表明部分中介效应存在。对于核心城市来说，其集群程度的提升能够通过推进市场整合进程提升生态效率。我们接着来看边缘城市。第（1）列检验结果与第3章一致，参数估计值说明城市集群发展对于生态效率存在正向促进作用。第（2）列用于检验中介效应模型第二步，观察可知，参数估计值在1%的水平显著为正，说明城市集群程度的提升对市场整合产生正向影响。第（3）列用于检验中介效应模型第三步，参数估计值在5%的水平显著为正，表明市场整合程度的提升有利于改善生态效率。观察第（4）列可知，城市集群发展对生态效率产生正向促进作用，同时，系数估计值由模型1的0.0802下降至模型4的0.0711，表明存在中介效应，在边缘地区城市集群程度的增强同样可以通过市场整合效应对城市生态效率产生积极影响。

我们继续对比研究期内核心与边缘区集群程度增强对于市场整合的影响程度，由表4-3可知，核心、边缘地区市场整合程度参数估计值分别为0.2033和0.0657，核心城市的市场整合反应系数显著优于边缘地区城市的市场整合反应系数。针对这一结论，一个可能的解释为：在核心集群区，随着城市集群程度的提升，市场整合程度在改善，地区间协同作用在增强，在区域发展与策略性竞争的影响下，资源配置与要素流动相较于边缘地区竞争性更强，一旦某一地区率先采取具有一定地方保护性的策略与行为，由于空间邻近性和选择性策略行为的存在，加之经济联系的密切性，率先采取市场分割行为的城市就会遭受严重的惩罚，因此，核心地区城市相较于边缘地区更加具有市场整合的选择性偏好。同时，对于那些处在弱势地位的边缘城市，为了促进地区经济发展，对周围实行更强的市场分割是其获得比较优势的常见策略，这相对弱化了集群发展作用于市场整合进而提升生态效率的正向效应。此外，已有研究认为，地区间的交界地带最有可能成为上级行政区为促进自身经济发展而实行地方保护政策和市场分割具体措施的着力点（赵玉奇，2017）[①]，显然这一“先天优势”也使得在城市集群演进过程中，边缘地区城市的市场整合弹性变动受限。

表 4 - 3　核心—边缘样本市场整合路径回归结果

项目		(1)	(2)	(3)	(4)
		lnEE	lnINTEG	lnEE	lnEE
核心	lnIC	0. 3091 *** (3. 78)	0. 2033 *** (2. 81)		0. 2746 *** (2. 99)
	lnINTEG			0. 1697 ** (2. 66)	0. 1633 ** (2. 55)
	控制变量	Y	Y	Y	Y
	Time - effect	Y	Y	Y	Y
	City - effect	Y	Y	Y	Y
	Constant	-0. 3846 ** (-2. 01)	2. 179 *** (16. 32)	-0. 267 (-1. 47)	-0. 513 * (-1. 75)
	R^2	0. 4881	0. 5113	0. 4881	0. 4881
	Hausman	32. 00 ***	42. 11 ***	52. 08 ***	39. 77 ***
	观测值	532	532	532	532
边缘	lnIC	0. 0802 ** (1. 99)	0. 0657 *** (4. 30)		0. 0711 ** (2. 05)
	lnINTEG			0. 1388 ** (2. 37)	0. 1257 ** (2. 24)
	控制变量	Y	Y	Y	Y
	Time - effect	Y	Y	Y	Y

① 赵玉奇. 国内市场整合、空间互动与区域协调发展[D]. 长沙:湖南大学,2017.

续表

项目		(1)	(2)	(3)	(4)
		lnEE	lnINTEG	lnEE	lnEE
边缘	City - effect	Y	Y	Y	Y
	Constant	-0.3411*	2.018***	-0.306*	-0.454***
		(-1.95)	(20.80)	(-1.81)	(-2.60)
	R^2	0.3712	0.5512	0.3079	0.4871
	Hausman	20.74***	40.18***	39.33***	50.71***
	观测值	3332	3332	3332	3332

注：括号内为 t 统计量，*、**、*** 分别对应 10%、5%、1% 的显著性水平，控制变量未汇报。

4.4 一个缩减样本的进一步讨论

用省级指标作为其所辖空间范围内城市指标的代理，由于不存在研究样本的缺失问题，在一定程度上满足了变量的选择需要，且这一处理方式也为部分学者所采用（王良健，等，2015）①。但我们认为将省级面板作为城市的代理指标必然会出现一部分相等的数据，有可能导致实证参数估计值的变异性的弱化。

因此，对前文需做进一步讨论，即当实证样本匹配到城市时，这一检验结果是否依旧成立，又会有什么新的发现。这一做法背后的逻辑是：从省级层面看，某一行政区可能基于本省的经济发展考虑实施对外的地方保护，但这种地方保护的实施效果可能会因所辖各市经济发展水平及市场潜能的不同而存在差异；特别是，已有研究以京津冀地区为例论证了同一地区在省份、城市等两种不同观测层面确实存在市场分割指数的差异性（江曼琦、谢姗，2015）②。

① 王良健，李辉，石川．中国城市土地利用效率及其溢出效应与影响因素[J]．地理学报，2015，70(11)：1788-1799.

② 江曼琦，谢姗．京津冀地区市场分割与整合的时空演化[J]．南开学报（哲学社会科学版），2015(1)：97-109.

4.4.1 市场整合的重估及样本选择

在采用价格法测度城市市场整合时，常用的价格指数为商品零售价格分类指数（RPI）、居民消费价格分类指数（CPI）。本部分进行市场整合指数重估，我们选择后者的原因如下：①前者数据缺失更为严重；②从统计口径来看，与商品零售价格分类指数只反映有形商品相比，居民消费价格分类指数的调查范围既包括有形商品，也包括服务和居住类商品，相对来说维度更广；③已有研究认为就反映市场整合状况来说，商品零售价格分类指数的重要性弱于居民消费价格分类指数（陈甬军、丛子薇，2017）[①]；④与前述计算市场整合指数采用商品零售价格指数相比，换替代变量也是稳健性检验的一种方式。

我们首先查询了城市层面的居民消费价格分类指数数据，重新估算城市间市场整合指数，与已有研究（赵奇伟，2009）[②] 一致，城市居民消费分类指数涵盖：食品、烟酒及用品、衣着、家庭设备用品及维修服务、医疗保健和个人用品、交通和通信、娱乐教育文化用品及服务、居住等 8 个细分指标。同时，鉴于部分城市数据缺失较为严重，我们按照时间连续性，并在参考空间连续性的基础上，最终选择如下样本城市：辽宁（14）、河北（11）、北京、天津、河南（17）、江苏（13）、上海、浙江（11）、安徽（16）、湖南（8）、湖北（10）、江西（10）、福建（9）、广东（21）、四川（10）、重庆、贵州（4）、云南（5），共 153 个地级及以上城市，同时，我们还计算了与前述省份相对应的基于居民消费品价格分类指数的省级口径市场整合指数，并将其结果用于相应的城市数据代理变量，最终形成可对比的实证分析结果。因数据缺失，研究期限为 2005—2014 年。

---

① 陈甬军，丛子薇．更好发挥政府在区域市场一体化中的作用[J]．财贸经济，2017，38(2)：5 – 19.

② 赵奇伟．东道国制度安排、市场分割与 FDI 溢出效应：来自中国的证据[J]．经济学(季刊)，2009，8(3)：891 – 924.

4.4.2　实证重估及异质性探析

首先，我们绘制上述两种形式的市场整合指数变动轨迹（见图4－2）。由图可知，二者轨迹基本类似，除个别年份波动外，整体为上升趋势，市场分割程度减弱，整合度加强；同时，其变动轨迹与图4－1基本一致，说明市场整合计算过程不同替代指标具有较好的稳健性。

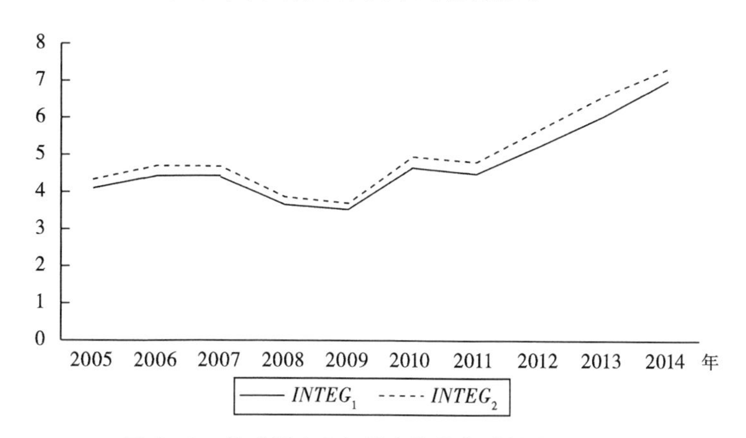

图4－2　缩减样本市场整合指数变动轨迹

注：$INTEG_1$ 为省份样本作为城市代理变量数据均值，$INTEG_2$ 为城市样本数据均值。

为进一步检验城市集群发展通过降低市场分割、推动市场整合来影响城市生态效率的作用机制，我们将上述城市样本的市场整合指数、省级代理变量的市场整合指数，以及能够更好地体现集群异质性效应的城市集群面板数据进行匹配，回归结果整理至表4－4。

分析可知：首先，从回归结果来看，采用缩减样本的不同阶段的回归结果依然显著，表明样本缩减后，中介效应仍然存在，城市集群发展可以通过市场整合路径推动城市生态效率提升的结论依然成立，这也表明了前文实证检验的稳健性。我们还进一步发现：以城市统计样本进行的实证分析结果相关系数与省级作为城市代理变量的系数存在一定区别，突出表现在模型第（4）列参数 $\ln IC$ 与 $\ln INTEG$ 的系数值均小于第（5）列。这在一定程度上说明，由于城市间市场分割真实存在，当城市整合程度复杂性与差异性更加明显时，市场整合路径的生态效率正向促进作用将相对减弱。也就是说，城市市场整合区域分异越低将越有利于生态效率的有效改善。同时，我们还参照现有城市集群建设规划，选取长三角、长江中游两个地区的跨省城市集群，中原、珠三角两个地区的省内城市集群进行了估计，通过对比第（6）（7）两列的 ln*IC* 与 ln*INTEG* 的回归结果可推断，跨省城市群集群程度提升对于生态效率的作用路径效果弱于省内城市集群。

总的来看，当前城市集群程度的不断提升推动了城市间市场整合的改善，进而促进了生态效率的提升，区域内相邻省（市）之间的市场整合效应可能在增强，而相邻省（市）间合作的缺乏成为跨区域相邻省（市）之间市场整合的不利条件，并制约了城市集群带动生态效率正效应的市场整合路径作用的发挥。

表 4-4 缩减样本市场整合路径回归结果

项目	(1)	(2)	(3)	(4)	(5)	(6)	(7)
	ln*EE*	ln*INTEG*	ln*EE*	ln*EE*	ln*EE*	ln*EE*	ln*EE*
	城市数据样本				省级替代城市样本	跨省城市群样本	省内城市群样本
ln*IC*	0.1914***	0.1778***		0.1678***	0.2179**	0.1028***	0.2326***
	(4.15)	(3.79)		(4.10)	(5.10)	(3.11)	(5.01)
ln*PDEN*	0.0264**	0.0421***	0.0282*	0.0210**	0.0415*	0.0310*	0.0430**
	(2.48)	(4.10)	(1.88)	(1.99)	(1.72)	(1.62)	(2.42)
ln*LDR*	-0.0112*	0.0497*	-0.0743	-0.0771	-0.0335	-0.0221*	-0.0171*
	(1.69)	(1.95)	(0.46)	(0.47)	(0.17)	(1.77)	(1.69)
ln*FDI*	-0.0809*	-0.0472***	-0.0736	-0.0657*	-0.0817*	-0.0864**	-0.0831**
	(-1.97)	(-6.61)	(-0.92)	(-1.77)	(-1.99)	(-2.07)	(-2.06)
ln*ER*	0.210***	-0.0168	0.210***	0.211***	0.208**	0.177***	0.181***
	(16.85)	(-1.38)	(16.79)	(16.93)	(15.91)	(11.22)	(14.03)
ln*INDTH*	0.0615***	0.0899	0.0544***	0.0590***	0.0390**	0.0471***	0.0588***
	(3.58)	(0.49)	(3.17)	(3.43)	(2.43)	(3.03)	(3.21)

续表

项目	(1)	(2)	(3)	(4)	(5)	(6)	(7)
	lnEE	lnINTEG	lnEE	lnEE	lnEE	lnEE	lnEE
	城市数据样本				省级替代城市样本	跨省城市群样本	省内城市群样本
lnINNO	0. 0775 *** (6. 93)	0. 0774 *** (7. 44)	0. 0824 *** (6. 96)	0. 0859 *** (7. 23)	0. 0459 *** (4. 41)	0. 0633 *** (6. 45)	0. 1011 *** (9. 28)
lnINTEG			0. 1327 *** (3. 77)	0. 1285 *** (3. 28)	0. 1495 *** (5. 98)	0. 0651 *** (3. 03)	0. 1572 *** (6. 39)
Constant	-1. 065 *** (-9. 72)	0. 718 *** (6. 83)	-0. 792 *** (-7. 37)	-0. 870 *** (-7. 78)	-0. 436 *** (-4. 35)	-1. 071 *** (-9. 78)	-0. 679 *** (-6. 44)
Time - effect	Y	Y	Y	Y	Y	Y	Y
City - effect	Y	Y	Y	Y	Y	Y	Y
R^2	0. 2173	0. 1899	0. 2241	0. 2777	0. 3015	0. 2821	0. 3044
Hausman	89. 93 ***	72. 91 ***	53. 49 ***	70. 01 ***	90. 53 ***	60. 77 ***	88. 25 ***
观测值	1630	1630	1630	1630	1630	360	170

注：括号内为 t 统计量，*、**、*** 分别对应 10%、5%、1% 的显著性水平。因表格绘制需要，省级数据作为城市代理变量的回归结果以及跨省城市集群、省内城市集群的作用机制检验结果仅汇报重点关注对象，也即同时加入核心变量和中介变量的最终检验结果。

4.5　本章小结

在第 2 章机理分析的基础上，结合市场整合变量测算结果，本章通过构建中介效应模型对城市集群影响城市生态效率的市场整合路径进行了实证分析，研究了其存在性与异质性。主要结论如下：

首先，研究期内中国市场分割指数下降，市场整合度得到提升，且这一测算结果在不同指标下具有稳健性。

其次，实证检验表明，从整体来看城市集群发展存在市场整合效应，可以通过推动市场整合这一路径提升城市生态效率。在不同地区随着城市集群的发展，均可以有效推动地区间市场整合程度的提升，继而对城市生态效率产生正向促进作用，也即市场整合效应普遍存在。

进一步地，由敏感性系数分析可知，与东部城市相比，中西部地区的城市对于弱化地方保护、推动市场整合相对不敏感。这也揭示出东部城市在城市集群发展的过程中拥有更强的市场整合意愿，以期推动经济发展与环境保护的合作共赢。由于可能存在的多种因素的影响，核心城市的市场整合反应系数显著优于边缘地区城市的市场整合反应系数。

最后，更换研究样本的实证进一步表明了城市集群发展可以通过推动市场整合进而促进生态效率的有效改善；但同时实证结果也发现在推动城市生态效率作用上，跨省城市集群的市场整合效应弱于省内城市集群。

总的来看，当前城市集群程度的不断提升推动了城市间市场整合的改善，进而促进了生态效率的提升。区域内相邻省份之间的市场整合效应可能在增强，而相邻省（市）间合作的缺乏成为跨区域相邻省份之间市场整合的不利条件，并制约了城市集群带动生态效率正效应的市场整合路径作用的发挥。

本章研究的主要价值在于实证考察了市场整合效应是城市集群推动城市生态效率变动的一个重要的作用机制，同时异质性的考察也发现了一些值得深入探讨的问题。

第5章　城市集群影响城市生态效率的机制检验：结构转型驱动路径

5.1　引言

中国经济经过多年的超高速增长，取得了举世瞩目的成就，经济总量跃居全球第二，与此同时，产业结构不断调整。统计显示，2015年中国第三产业GDP占比首次突破50%，2017年，这一比重进一步增加至51.6%。从整体来看，中国产业结构持续调整并不断优化，但在城市经济发展过程中，由于产业演进与城市间要素流动的存在，地区差异仍然较为明显。进一步的，新常态下中国经济增速放缓、产业结构面临调整阵痛，实现全国层面产业结构的持续优化已成为转变经济发展方式、推动新旧动能转换的重要路径。

研究认为，产业结构优化过程本质上是要素禀赋结构的演进，由此达到经济结构的调整与跃迁（林毅夫、苏剑，2007；林毅夫，等，2009）①②。那么，在假定产业政策、市场环境、国际竞争等外在有利的条件下，与产业发展直接相关的城市这一空间载体又在其演变过程中对产业结构会产生什么影响呢？城市在其集群发展以及对外联系的过程中，是否有利于空间范围内产业结构的转型升级呢？已有研究指出，城市群的建设对所属空间范围内的产业转移与空间布局的调整产生了重要影响，并以产业空间分工

---

① 林毅夫，苏剑．论我国经济增长方式的转换[J]．管理世界，2007(11)：5－13.

② 林毅夫，孙希芳，姜烨．经济发展中的最优金融结构理论初探[J]．经济研究，2009(8)：45－49.

的变动这一外在表现广泛存在。上述研究较多地关注某一特定的空间对象，在一定程度上忽视了城市集群发展对于产业结构调整的影响。

与此同时，本书第 3 章指出，当前中国城市集群发展程度仍然较低，且异质性明显。那么这一差异化现状对城市产业结构转型会产生什么样的影响呢？进一步地，众多研究论证了产业与地区生态环境的密切相关性，那么城市集群又是否会通过结构转型路径对城市生态效率产生影响呢？事实上，作为当前中国经济发展面临的两大热点与现实问题，对其进一步的研究很有必要。

鉴于这一事实逻辑，我们认为研究城市集群对城市生态效率的影响，引入产业结构转型作为作用机制的重要检验变量是合理且必要的。基于以上分析，结合本书第 2 章的作用机理的评述，本章拟基于产业结构转型视角，探求城市集群对城市生态效率的影响，这主要涉及如下两个阶段的问题：一方面，实证考察城市集群是否对产业结构转型产生影响；另一方面，考察产业结构转型对城市生态效率的影响。最终依据上述检验，探讨城市集群影响城市生态效率作用路径的存在性与异质性。

为此，本章主要内容安排如下：首先，测度产业结构转型这一关键变量，并概述其特征；其次，构建中介效应模型检验城市集群通过影响产业结构转型进而作用于城市生态效率的机理，并对其存在性和异质性进行较为全面的考察；最后，给出本章的主要结论。

5.2 产业结构转型变量测度及特征分析

5.2.1 产业结构转型测度方法

研究认为从动态变化的角度来看，经济体的产业结构转型包括产业结构合理化、产业结构高度化两个维度（干春晖，等，2011）[①]。本书沿袭这一做法，从上述两个维度对中国城市产业结构转型进行测度。

---

① 干春晖，郑若谷，余典范．中国产业结构变迁对经济增长和波动的影响[J]．经济研究，2011，46(5)：4－16，31.

5.2.1.1　产业结构合理化

现有文献测度产业结构合理化通常采取产业结构偏离度和泰尔指数。根据已有研究，当观测对象具体到城市层面，城市个体经济基础、产业构成、资源禀赋等差异较大；同时由于存在去绝对值的问题，产业结构偏离在处理中国城市产业结构合理化程度时存在一定的缺陷。针对这一问题，部分研究者采用泰尔指数测度产业结构的合理化程度（干春晖，等，2011；焦勇，2015）①②，本书借鉴这一方法并取其倒数，公式如下：

$$RIS = 1/\sum_{i=1}^{n}\left(\frac{Y_i}{Y}\right)\ln\left(\frac{Y_i}{L_i}/\frac{Y}{L}\right) \tag{5-1}$$

式中，$\sum_{i=1}^{n}\left(\frac{Y_i}{Y}\right)\ln\left(\frac{Y_i}{L_i}/\frac{Y}{L}\right)$ 为泰尔指数；i 为产业类型；n 为产业部门数量；Y、L 分别表示国内生产总值和就业人数；RIS（Rationalization of Industrial Structure）为产业结构合理化程度，RIS越大，产业结构合理化程度越高；反之，则表明地区产业结构不合理，产业结构偏离了均衡状态。本书采用各个城市三次产业产值及相对应的就业人数来测度RIS。

5.2.1.2　产业结构高度化

产业结构高度化用于反映产业结构在经济发展过程中由低水平状态向高水平状态顺序演进的动态过程，通常可用产业结构层次系数来表征（干春晖，等，2011；焦勇，2015；李虹、邹庆，2018）③④⑤。考虑到本书在实证模型的部分将第三产业占GDP比重作为一个控制变量，为了降低可能存在的自变量共线性问题，与多数已有研究在计算产业结构高度化时仅采

---

① 干春晖，郑若谷，余典范．中国产业结构变迁对经济增长和波动的影响[J]．经济研究，2011，46(5)：4-16，31.

② 焦勇．生产要素地理集聚会影响产业结构变迁吗[J]．统计研究，2015，32(8)：54-61.

③ 干春晖，郑若谷，余典范．中国产业结构变迁对经济增长和波动的影响[J]．经济研究，2011，46(5)：4-16，31.

④ 焦勇．生产要素地理集聚会影响产业结构变迁吗[J]．统计研究，2015，32(8)：54-61.

⑤ 李虹，邹庆．环境规制、资源禀赋与城市产业转型研究——基于资源型城市与非资源型城市的对比分析[J]．经济研究，2018，53(11)：182-198.

用三次产业的产值比重不同，我们参考刘伟等（2008）[①]，袁航、朱承亮（2018）[②] 的思路，在计算产业结构高度化指标时综合考虑了产业比值与劳动率两个层面，公式如下：

$$SIS = \sum_{i=1}^{n} Y_{mt} \times LP_{mt} \tag{5-2}$$

式中，i 表示三次产业；Y_{mt} 代表 m 地区在 t 时期 i 产业的产值 GDP 占比；LP_{mt} 指的是 m 地区 t 时期 i 产业的劳动生产率，由 $LP_{mt} = Y_{mt}/L_{mt}$，即产值除以就业人口得到。此外，由于劳动生产率有量纲，产值比无量纲，我们采用均值化方式对其去量纲，SIS（Supererogationof Industrial Structure）为产业高度化指数。

5.2.2 产业结构转型变量的时空特征

图 5－1 为由 ArcGIS 绘制的中国城市产业结构高度化指数的空间趋势面拟合，Z 值坐标为产业高度化属性值，X、Y 分别指示正东、正北方向。经过模拟，我们选用二次项拟合曲线并绘制三维透视图，观察可知，2003 年城市产业结构高度化水平沿 X 轴方向自西向东呈缓慢下降趋势，表明 2003 年中国产业结构高度化西部地区高于中部地区，中部地区高于东部地区；2016 年空间趋势面呈“U”形分布，东西部地区高于中部地区。上述变化表明，2003—2016 年，中国东部地区产业高度化逐渐上升，产业演进不断向第三产业深化，产业结构高度化形成了较为良好的趋势，中部地区的“U”形底端表明其产业层级演进在研究期内以第二产业的攀升为主，高度化指数相对缓慢；而西部地区变化并不明显。从 Y 轴方向来看，2003 年“南北高、中间低”的“U”形轨迹在 2016 年逐渐趋平，呈现出一定的北部高、中部及南部较为平缓的特点，这一变化表明，2003—2016 年中国南方地区城市产业结构高度化出现相对减缓趋势，部分城市第二产业成为

---

① 刘伟，张辉，黄泽华．中国产业结构高度与工业化进程和地区差异的考察[J]．经济学动态，2008(11)：4－8.

② 袁航，朱承亮．国家高新区推动了中国产业结构转型升级吗[J]．中国工业经济，2018(8)：60－77.

产业结构演进层次的主要驱动力。总的来看，研究期内，中国城市产业结构高度化指数存在较为明显的空间不均衡，中部地区高度化演进相对缓慢。

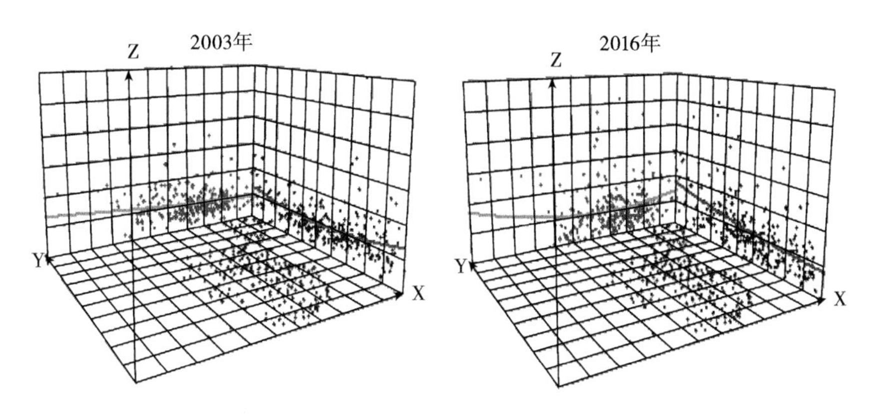

图 5－1　2003 年、2016 年城市产业结构高度化空间趋势面拟合

进一步观察中国产业结构合理化水平空间分布可知，2003 年中国产业结构合理化高水平城市主要分布在东部，合理化低水平城市则主要集中于中西部；与 2003 年相比，2016 年中国大部分城市的产业结构合理化指数得以改善，且部分中西部城市得到较为明显的提升，但仍有不少城市产业合理化指数处在较低水平。总的来说，中国城市产业结构合理化程度逐渐提升，但存在空间分布不均衡现象。此外，通过对比二者的空间分布我们还发现，产业结构合理化所呈现出的东中西由高到低梯度分布格局并没有产业结构高度化明显，相对而言，其空间均衡度较强。这一点是否与城市集群发展有关，并继而引起城市生态效率的不同，对此我们在下文将给予探讨。

5.3　实证研究

5.3.1　基于结构转型的中介效应模型设定

第 2 章机理分析较为详细地阐述了基于产业结构转型路径的城市集群影响城市生态效率的传导过程，那么究竟城市集群通过推动产业结构转型这一路径作用于生态效率是否成立？是否存在异质性？对此我们将在下面的章节予以相应的实证检验。本部分实证继续采用中介效应模型来检验上述作用机理的存在性，模型构建如下：

$$\ln EE_{i,t} = \alpha_0 + \alpha_1 \ln IC_{i,t} + \sum_{j=1}^{n} \delta_j \ln X_{ji,t} + \mu_{i,t} + \theta_{i,t} + \varepsilon_{i,t} \quad (5-3)$$

$$\ln IST_{i,t} = \beta_0 + \beta_1 \ln IC_{i,t} + \sum_{j=1}^{n} \delta_j \ln X_{ji,t} + \mu_{i,t} + \theta_{i,t} + \varepsilon_{i,t} \quad (5-4)$$

$$\ln EE_{i,t} = \gamma_0 + \gamma_1 \ln IST_{i,t} + \sum_{j=1}^{n} \delta_j \ln X_{ji,t} + \mu_{i,t} + \theta_{i,t} + \varepsilon_{i,t} \quad (5-5)$$

$$\ln EE_{i,t} = \rho + \rho_0 \ln IC_{i,t} + \rho_1 \ln IST_{i,t} + \sum_{j=1}^{n} \delta_j \ln X_{ji,t} + \mu_{i,t} + \theta_{i,t} + \varepsilon_{i,t} \quad (5-6)$$

上述四个公式中，式（5－3）为前文第3章的基础模型，用于检验集群程度的提升对于城市生态效率的影响。为了检验中介效应模型，在式（5－3）的基础上依次进行式（5－4）、式（5－5）、式（5－6）的检验：式(5－4)用于检验集群程度提升对于产业结构转型的影响，我们分别用产业结构高度化指数和合理化指数依次作为替代变量以判断城市集群发展是否有利于推动产业结构的优化或转型升级。式（5－5）用于检验产业结构转型对于城市生态效率的影响，以判断作用机制环节的完整性与连续性。式（5－6）用于检验同时引入中介变量与核心解释变量时生态效率的敏感性。模型中介变量为产业结构转型变量 $IST_{i,t}$，也即产业结构合理化指数 $RIS_{i,t}$、高度化指数 $SIS_{i,t}$。其余变量同前述章节，不再赘述。

5.3.2 回归结果分析

5.3.2.1 多重共线性检验

值得注意的是，由于在产业结构高度化和合理化的计算过程中包含了第三产业 GDP 占比这一组成部分，且第三产业 GDP 占比同时又是回归方程的一个控制变量，尽管前述两个指标已采取复合指数，但仍有可能存在变量共线性问题，我们在进行回归之前对各变量进行了多重共线性检验。

方差膨胀因子 VIF 检验结果见表 5 - 1。由表可知，VIF 最大值为 5.03，小于 10，结合二者可知变量间不存在多重共线性（陈强，2014）[①]。

表 5 - 1　变量多重共线性检验

变量	VIF	1/VIF
TECH	5.03	0.198807
PCD	4.45	0.224719
INDTH	3.31	0.302115
SIS	2.89	0.346011
PDEN	2.37	0.421922
RIS	1.62	0.617559
FDI	1.35	0.741577
ER	1.32	0.754868
IC	1.19	0.837489
Mean VIF	2.61	

5.3.2.2　全国样本回归结果分析

与第 4 章一致，本章继续采用普通面板对作用机制进行回归。模型（5 - 3）—模型（5 - 6）的回归结果列于表 5 - 2。第（4）列为基准模型回归结果，用于检验中介效应模型第一步，且与第 3 章一致，其参数估计值表明城市集群发展对于生态效率的正向影响。我们首先来看产业结构合理化作为中介变量的检验结果。

第（1）列用于检验中介效应模型第二步，观察可知，参数估计值在 5% 的水平显著为正，说明城市集群程度的提升能够推动产业结构合理化发展。第（2）列用于检验中介效应模型第三步，参数估计值在 1% 的水平显著为正，表明产业结构合理化指数的增加有利于改善生态效率，提升产业结构合理化已成为推动城市生态效率的一个重要因素。观察第（3）列可知，当在基本回归方程中控制了产业结构合理化这一变量之后，城市集群发展仍然对城市生态效率产生正向促进作用，同时，系数估计值由

① 陈强．高级计量经济学及 Stata 应用[M]．北京：高等教育出版社，2014.

0.2471 下降至 0.2387，表明中介效应存在。进一步地，从显著性上看，若城市集群程度提升 1%，则能够通过产业结构合理化带来 0.0084% 的生态效率提升。基于以上检验，我们认为：随着城市集群不断推进，中国城市产业结构合理化水平得到了提升；这就促使地区资源配置效率逐步提升，生产率差异有所缩小，资源集约与节约利用效果强化，城市经济发展质量得到提升。

接着，我们来看产业高度化作为中介变量的回归结果。第（5）列用于检验中介效应模型第二步，观察可知，参数估计值在 5% 的水平显著为正，说明城市集群程度的提升能够推动产业结构向高度化迈进。第（6）列用于检验中介效应模型第三步，参数估计值在 1% 的水平显著为正，表明产业结构高度化指数的增加有利于改善生态效率，产业层级向高度化演进同样成为影响城市生态效率的一个重要因素。观察第（7）列可知，当在基本回归方程中控制了产业结构高度化变量之后，城市集群发展仍然对城市生态效率产生正向影响，同时，系数估计值由 0.2471 下降至 0.2122，表明中介效应存在。进一步地，从显著性上看，若城市集群程度提升 1%，则能够通过产业结构高度化带来 0.0349% 的生态效率提升。基于以上检验，我们认为：城市集群的不断发展推动了中国城市产业高度化水平，这一演进方向进一步改善了城市经济发展质量，提升了生态效率。

综合来看，尽管存在参数值大小的区别，但城市集群程度的提升确实推动了城市产业结构合理化和高度化指数的提升，而后两者也分别对生态效率产生显著性影响，由于通常产业结构转型升级也即产业结构合理化和高度化的改善，因此，前文假设得到验证。总之，城市集群发展能够提供并持续优化产业结构转型的空间载体，在更为广阔的地域范围内为企业或者产业的生产发展提供了相对于城市个体更为丰富的要素和更为便利的要素流动性，城市集群发展能够通过产业结构转型升级路径对城市生态效率产生促进作用。

表5-2　全样本结构转型路径回归结果

项目	(1)	(2)	(3)	(4)	(5)	(6)	(7)
	变量：产业结构合理化				变量：产业结构高度化		
	ln*RIS*	ln*EE*	ln*EE*	ln*EE*	ln*SIS*	ln*EE*	ln*EE*
ln*IC*	0.0816 ** (2.36)		0.2387 *** (3.03)	0.2471 *** (3.06)	0.1499 *** (3.60)		0.2122 *** (2.89)
ln*RIS*		0.0896 *** (3.57)	0.0886 *** (3.55)				
ln*SIS*						0.2269 *** (3.07)	0.2077 *** (2.85)
ln*PDEN*	0.239 * (1.85)	0.0804 *** (3.13)	0.0891 *** (3.59)	0.0849 *** (3.44)	0.0603 *** (3.93)	-0.0901 *** (-3.63)	-0.0802 *** (-3.08)
ln*LDR*	-0.0245 (-0.34)	-0.0202 (-1.63)	-0.0211 * (-1.69)	-0.0210 * (-1.69)	-0.0136 (-1.21)	-0.0986 (-0.62)	-0.0926 (-0.57)
ln*FDI*	-0.0670 * (-1.76)	-0.0152 ** (-2.05)	-0.0194 ** (-2.18)	-0.0249 ** (-2.23)	-0.0318 (-0.60)	-0.0194 (-0.18)	-0.0833 (-0.08)
ln*ER*	0.119 * (1.69)	0.198 *** (10.33)	0.197 *** (10.22)	0.195 *** (10.07)	0.0685 (0.68)	0.195 *** (10.20)	0.196 *** (10.23)
ln*INDTH*	0.877 *** (4.50)	0.0759 ** (2.00)	0.1233 ** (2.36)	0.1155 ** (2.24)	0.355 *** (3.42)	0.125 ** (1.99)	0.102 * (1.80)
ln*INNO*	0.0394 (1.54)	0.0404 *** (5.43)	0.0387 *** (5.06)	0.0383 *** (4.99)	0.0233 *** (3.41)	0.0402 *** (5.00)	0.0420 *** (5.26)
Constant	0.0959 ** (1.84)	-0.215 ** (-2.31)	-0.339 ** (-2.45)	-0.349 ** (-2.52)	-0.560 *** (-4.09)	-0.432 *** (-2.65)	-0.290 * (-1.89)
Time-effect	Y	Y	Y	Y	Y	Y	Y
City-effect	Y	Y	Y	Y	Y	Y	Y
R^2	0.3729	0.4021	0.3882	0.4049	0.5011	0.3088	0.3977
Hausman	46.26 ***	59.11 ***	62.19 ***	40.51 ***	22.75 ***	35.33 ***	44.13 ***
观测值	3864	3864	3864	3864	3864	3864	3864

注：括号内为 *t* 统计量，*、**、*** 分别对应10%、5%、1%的显著性水平。

5.3.2.3　东、中、西分样本回归结果分析

前文的实证检验表明城市集群可以通过促进产业结构合理化和高度化两种路径作用于城市生态效率。接下来我们对样本进行划分，探讨作用机制的异质性问题，以期获得更为深入的认知，继续按照最为常用的东、中、西样本划分方法进行回归分析。

（1）东部地区

表5.3为东、中、西分样本的产业结构合理化与高度化的作用机制的检验结果。我们首先来看东部地区城市（表5－3上半部分）产业结构合理化作为中介变量的检验结果。第（4）列为基础回归模型结果，用于表明城市集群发展对于城市生态效率的正向促进作用，其结果与第3章一致；第（1）列为中介效应模型检验第2步，由表可知城市集群程度提升对于城市产业结构合理化程度的影响在5%的显著性水平为正，表明城市集群发展可以推动城市产业结构合理化程度的提升；第（2）列用于检验中介效应模型第3步，参数估计值在5%的水平显著为正，表明产业结构合理化指数的增加有利于改善生态效率。观察第（3）列可知，当在基本回归方程中控制了产业结构合理化变量之后，城市集群发展仍然对城市生态效率产生正向促进作用，同时，系数估计值由0.3577下降至0.3436，表明中介效应存在。进一步地，从显著性上看，若城市集群程度提升1%，则能够通过产业结构合理化带来0.0141%的生态效率提升。

类似的，由表第（5）、（6）、（7）列的参数估计值可知，城市集群程度的提升同样促进了城市产业结构高度化指数的改善，并进一步通过产业结构高度化对生态效率产生正向效应。由于参数估计值从0.3577下降至0.3019，因此，可以认为存在中介效应。城市集群发展可以通过作用于产业结构高度化进而对生态效率产生正向促进作用，进一步地，若城市集群程度提升1%，则能够通过产业结构高度化带来0.0558%的生态效率提升。基于以上检验，我们认为：在中国东部地区，城市集群推进了城市产业结构合理化水平与高度化水平，在上述因素的共同影响下，东部地区城市生态效率得到提升。

（2）中部地区

表5－3中间部分为中部地区城市的产业结构合理化与高度化的作用机制检验结果。第（4）列基础回归模型结果表明中部地区城市集群发展对于城市生态效率起到正向促进作用，其结果与第3章一致；第（1）列为中介效应模型检验第2步，由表可知城市集群发展对于城市产业结构合理化程度的影响系数在5%的显著性水平为负，表明中部地区城市集群发展对城市产业结构合理化程度产生负向效应，城市集群程度每提升1个百分点，城市产业结构合理化指数降低0.13个百分点；第（2）列用于检验中介效应模型第3步，参数估计值在5%的水平显著为负，表明产业结构合理化指数对生态效率产生负向效应，也即产业结构合理化指数下降将促使生态效率上升，而产业结构合理化指数上升则会对生态效率改善产生约束。观察第（3）列可知，当在基本回归方程中控制了产业结构合理化变量之后，城市集群发展仍然对城市生态效率产生正向促进作用，同时，系数估计值由0.0751下降至0.0661，表明中介效应存在。进一步地，从显著性上看，若城市集群程度提升1%，则能够通过作用于产业结构合理化进而带来0.009%的生态效率提升。值得注意的是，对比东部地区城市集群程度对于合理化的影响，中部地区城市集群程度对于城市生态效率的提升同样起到促进作用，但其作用机制却存在相反的经济逻辑。对此我们认为可以做如下理解：从产业结构合理化计算过程可知，其反映的是城市三次产业在产值与劳动生产率方面的横向比较，产值差距越大，合理化程度越低；由于中部地区处于工业化进程的快速发展阶段，同时，在城市集群发展的过程中，多数中西部地区城市凭借地租、工资水平、地理邻近等区位优势成为东部地区城市产业转移的首选地；这一比较优势推进了产业转移承接地区城市的工业化与产业化进程，而随着工业发展的不断成熟，生产技术进步和劳动率取得明显进步，带来边际效应的提升以及单位污染排放的降低。与此同时，外来产业转移和本地工业的快速发展使得城市工业的地区专业化生产较强，这也在一定程度上提升了上述地区的专业化水平，而专业化生产有助于要素集聚、资源的集约利用，并产生集聚外部

性。因此，较高的生产率和逐渐降低的单位污染排放和能源消耗，使得第二产业的发展并未降低生态效率，基于效率测算的生态效率仍然得以改善，也即最终实现在第二产业产值比重增加的前提下生态效率并未出现下降，这也进一步表明在中部地区城市集群程度的提升通过降低产业合理化程度进而提升生态效率的作用机理。而事实上，我们也可以从已有研究中找到相近的支持结论，例如焦勇（2015）① 在研究经济集聚与产业结构变迁的过程中发现，基于资源禀赋的要素集聚对于中西部地区的产业结构合理化的变迁存在负效应。黄建欢（2016）② 则在其文章中指出重工业发达的同时，如果实现较好的资源集约利用与环境治理，重工业比重的提升不仅不会降低生态效率，还可能有利于生态效率的改善。

类似地，由表第（5）列参数估计值可知，城市集群程度的提升促进了城市产业结构高度化指数的改善；由第（6）列可知，产业结构高度化对生态效率产生正向影响；由第（7）列可知，加入中介变量后参数估计值仍然显著，但系数值从 0.0751 下降至 0.0617，因此，可以认为存在中介效应，城市集群发展可以通过作用于产业结构高度化进而对生态效率产生正向促进作用。进一步地，若城市集群程度提升 1%，则能够通过产业结构高度化带来 0.0134% 的生态效率提升。

（3）西部地区

表 5 -3 下半部分为西部城市的产业结构合理化与高度化的作用机制检验结果。第（4）列基础回归模型结果表明了西部地区城市集群发展对于城市生态效率的正向促进作用，其结果与第 3 章一致；第（1）列为中介效应模型检验第 2 步，由表可知城市集群发展对于城市产业结构合理化程度的影响系数在 1% 的显著性水平为负，表明西部地区城市集群发展对城市产业结构合理化程度产生负向影响，城市集群程度每提升 1 个百分点，城市产业结构合理化指数降低 0.342 个百分点；第（2）列用于检验中介

① 焦勇．生产要素地理集聚会影响产业结构变迁吗[J]．统计研究，2015，32(8)：54 -61.

② 黄建欢．区域异质性、生态效率与绿色发展[M]．北京：中国社会科学出版社，2016.

效应模型第3步，参数估计值在5%的水平显著为负，表明产业结构合理化指数对生态效率产生负效应。观察第（3）列可知，当在基本回归方程中控制了产业结构合理化变量之后，城市集群发展仍然对城市生态效率产生正向促进作用，同时，系数估计值由0.0931下降至0.0813，表明中介效应存在。进一步地，从显著性上看，若城市集群程度提升1%，则能够通过作用于产业结构合理化进而带来0.0118%的生态效率提升。这与中部地区城市集群程度提升通过产业结构合理化影响城市生态效率的经济逻辑相同。

类似地，由表第（5）列参数估计值可知，西部地区城市产业结构高度化参数估计值为正向不显著；且由第（7）列可知，在基础回归模型加入中介变量后系数值为0.0905，与初始系数相比较变化不大，根据中介变量检验条件可知，在西部城市集群发展通过作用于产业结构高度化进而对生态效率产生正向促进作用的路径并不稳定。

在中西部地区作用机制的检验过程中，我们发现产业结构合理化程度降低在一定程度上有利于生态效率改善，但这是否就意味着为了提升生态效率我们需要维持甚至强化这一现状呢？为此我们对比了在中西部地区面对城市集群程度提升时，合理化与高度化两个变量的敏感系数，发现两个地区尤其是中部地区高度化指数的反应系数的绝对值均高于合理化，并且合理化指数和高度化指数对于提升生态效率的作用强度也存在一定差异。可见，维持甚至降低合理化指数的这一设想并不是最优选择，且对于第二产业的过分追求，势必会影响第三产业的发展。因此，总的来看，要在坚持提升第二产业专业化与高端化生产的同时，强化制造业服务化倾向，延长价值链，实现第二、三产业质与量的共同提升。

表5-3 分样本结构转型路径回归结果

项目		(1)	(2)	(3)	(4)	(5)	(6)	(7)
		变量：产业结构合理化				变量：产业结构高度化		
		lnRIS	lnEE	lnEE	lnEE	lnSIS	lnEE	lnEE
东部	lnIC	0.1286** (2.05)		0.3436*** (2.58)	0.3577*** (2.96)	0.1741*** (2.79)		0.3019** (2.81)
	lnRIS		0.1093** (1.99)	0.1091* (1.91)				
	lnSIS						0.3209** (2.51)	0.3014** (2.37)
	Constant	0.479* (1.69)	-0.358** (-2.12)	-0.535*** (-2.71)	-1.055** (-2.06)	1.063*** (12.91)	-0.462* (-1.84)	-0.647** (-2.43)
	控制变量	Y	Y	Y	Y	Y	Y	Y
	Time-effect	Y	Y	Y	Y	Y	Y	Y
	City-effect	Y	Y	Y	Y	Y	Y	Y
	R^2	0.4022	0.4571	0.3387	0.3352	0.4478	0.3098	0.4111
	Hausman	47.99***	45.33***	52.19***	17.86**	29.77***	58.21***	47.17***
	观测值	1386	1386	1386	1386	1386	1386	1386
中部	lnIC	-0.130** (-2.29)		0.0661** (2.39)	0.0751** (1.99)	0.0698** (2.16)		0.0617** (2.11)
	lnRIS		-0.0689** (-2.01)	-0.0668** (-1.99)				
	lnSIS						0.1918** (2.16)	0.1858* (1.86)
	Constant	0.0234* (2.18)	0.0607* (3.30)	-0.0429* (-2.21)	-0.0663** (-2.44)	1.136*** (5.45)	-0.0122* (-1.80)	-0.0101* (-1.78)
	控制变量	Y	Y	Y	Y	Y	Y	Y
	Time-effect	Y	Y	Y	Y	Y	Y	Y
	City-effect	Y	Y	Y	Y	Y	Y	Y
	R^2	0.4212	0.3571	0.3363	0.5335	0.3016	0.4055	0.3171
	Hausman	53.11***	65.01***	38.17***	29.52***	28.22***	50.29***	38.13***
	观测值	1400	1400	1400	1400	1400	1400	1400

续表

项目		(1)	(2)	(3)	(4)	(5)	(6)	(7)
		变量：产业结构合理化				变量：产业结构高度化		
		lnRIS	lnEE	lnEE	lnEE	lnSIS	lnEE	lnEE
西部	lnIC	-0.342 *** (-3.48)		0.0813 * (1.88)	0.0931 ** (2.24)	0.0157 (0.14)		0.0905 ** (2.27)
	lnRIS		-0.0342 ** (-2.36)	-0.0323 ** (-2.25)				
	lnSIS						0.1681 * (1.70)	0.1680 * (1.69)
	Constant	-0.323 ** (-2.35)	-0.268 ** (-2.02)	-0.334 *** (-3.23)	-0.282 ** (-2.11)	1.214 *** (8.85)	-0.536 (-1.57)	-0.459 (-1.40)
	控制变量	Y	Y	Y	Y	Y	Y	Y
	Time - effect	Y	Y	Y	Y	Y	Y	Y
	City - effect	Y	Y	Y	Y	Y	Y	Y
	R^2	0.4022	0.4571	0.3387	0.2193	0.4478	0.3098	0.4111
	Hausman	47.99 ***	45.33 ***	52.19 ***	25.84 ***	29.77 ***	58.21 ***	47.17 ***
	观测值	1078	1078	1078	1078	1078	1078	1078

注：括号内为 t 统计量，*、**、*** 分别对应 10%、5%、1% 的显著性水平。

5.4　基于转型路径的进一步讨论

前文探讨了城市集群程度的提升对产业结构合理化与高度化的影响，论证了城市集群可以通过上述两条路径对生态效率产生影响。由于我们在两个指数尤其是高度化指数的计算过程中采用了复合口径，因此，前述检验结果并不能明确告知我们产业及其劳动生产率对于集群程度变动的响应程度与响应方向，而对这一点的分析将有利于深化我们对集群变动影响产业结构转型这一作用路径的认知。为了便于分析，此处我们采取一个简化的线性回归方程，仅纳入核心解释与被解释变量，不再引入控制变量。这将有利于我们重点关注集群程度提升对于产业合理化与高度化主要组成要素的作用方向。此外，由于第一产业对生态效率的影响相对于第二、三产业较小，本书同样不再引入第一产业及其劳动生产率的分析，仅就城市集群发展对第二、三产业比重及其生产率的影响进行相对简化的分析。

首先，我们来看全国样本下城市集群发展对第二、三产业比重及其生产率影响的回归结果（表5-4）。由表可知，集群程度的提升对第二、三产业比重与劳动率4个变量均存在正向促进作用，就比重来看，第三产业显著性和系数值均强于第二产业；同时，与第二产业比重这一变量没有通过显著性检验不同，第二产业劳动率的敏感系数通过了1%的显著性检验。综合来看，我们认为上述结论可以有如下理解：一方面，当前中国正处于经济转型、供给侧改革的阶段，去产能的客观要求致使第二产业尤其是传统的制造业发展空间受到较大约束，第二产业更加注重由量的积累到质的转变，因此，在其产值占比弹性系数并不显著的情况下，劳动率弹性系数存在正向显著。另一方面，集群程度的提升显著有利于第三产业比重及其劳动率的增长。总的来说，城市集群程度的增加推动了产业结构转型。在合理化维度的推动上，主要表现为第二、三产业劳动率的共同提升，不同部门要素生产效率呈一定的均衡趋势；而在高度化维度的推动上，除去效率的同步变动外，更加突出表现为对于第三产业比重的正效应显著强于第二产业这一特征。最终，城市集群程度的提升通过推动城市的产业结构优化与转型升级带来生态效率的改善。

表5-4 城市集群发展对第二、三产业比重及其生产率的影响：全样本

项目	(1)	(2)	(3)	(4)
	第二产业比重	第三产业比重	第二产业劳动率	第三产业劳动率
ln*IC*	0.159	0.494***	0.0426***	0.0424***
	(1.19)	(3.43)	(3.49)	(3.30)
Constant	-1.124***	-2.210***	-0.816***	-0.904***
	(-3.19)	(-5.81)	(-21.23)	(-22.59)
观测值	3864	3864	3864	3864

注：模型采用静态面板回归，出于简化分析需要，未引入控制变量，括号内为t统计量，*、**、***分别对应10%、5%、1%的显著性水平。

接着，我们来看东、中、西部地区样本下集群程度的提升对于第二、三产业比重的影响（表5-5）。由表可知，对东部地区城市来说，集群程度与其第二产业在1%的水平显著负相关，但与其第三产业在1%的水平显著正相关，集群程度增加在一定程度上降低了其第二产业比重，增加了第三产业比重；类似地，观察中西部地区城市参数估计值可知，集群程度提升对其第二产业比重产生正向促进作用，第三产业同样为正，但西部地区并未通过显著性检验。

进一步观察东、中、西样本下集群程度的提升对于第二、三产业劳动率的影响（表5-6），根据参数估计值，集群程度提升对东部地区第二产业劳动率的影响为负，但不显著，对第三产业劳动率的影响在5%的显著性水平为正；类似地，对中部地区城市第二、三产业劳动率均产生显著正向影响，对西部地区城市第二产业劳动率产生显著正向影响，对第三产业劳动率的影响为正，但不显著。

归结上述参数估计值我们得到如下主要结论：东部城市集群程度的提升作用于产业结构高度化主要源自第二产业比重降低、第三产业快速增加的共同作用，以及第三产业劳动率的提升，而第二产业劳动率则不存在明显作用。而集群程度作用于产业结构合理化则主要源自第三产业劳动率的提升，与第二产业劳动率变动关系不明显；但这也表明，东部地区集群发展过程中第二产业的变动可能更倾向于简单的地理迁出，而不是劳动率的改善。中部地区城市集群程度的提升作用于产业结构高度化源自第二、三产业同向增加的作用，以及第二、三产业劳动率的共同提升，其作用于产业结构合理化同样是由于第二、三产业劳动率的共同提升所致。

西部地区城市集群程度的提升作用于产业结构高度化和合理化主要由第二产业变动所致，第三产业作用尚不明显。这一结论进一步解释了前文不同地区城市集群程度提升通过产业结构合理化与高度化对生态效率影响路径的异质性问题。换言之，尽管均产生产业结构优化效应，进而促进了生态效率的改善，但其背后的经济逻辑却存在较明显的差异。

表 5－5　城市集群发展对第二、三产业比重的影响：东、中、西样本

项目	(1)	(2)	(3)	(4)	(5)	(6)
	第二产业比重			第三产业比重		
	东部城市	中部城市	西部城市	东部城市	中部城市	西部城市
ln*IC*	-0.827***	0.299*	1.091***	1.386***	0.242*	0.107
	(-3.80)	(1.84)	(4.06)	(5.84)	(1.71)	(0.37)
Constant	1.909***	-1.533***	-2.826***	-5.177***	-1.564***	-0.740
	(2.82)	(-2.90)	(-5.51)	(-7.03)	(-2.64)	(-1.36)
观测值	1386	1400	1078	1386	1400	1078

注：括号内为 *t* 统计量，*、**、*** 分别表示 10%、5%、1% 的显著性水平，模型未引入控制变量。

表 5－6　城市集群发展对第二、三产业生产率的影响：东、中、西样本

项目	(1)	(2)	(3)	(4)	(5)	(6)
	第二产业劳动率			第三产业劳动率		
	东部城市	中部城市	西部城市	东部城市	中部城市	西部城市
ln*IC*	-0.0210	0.0778***	0.0438**	0.0479**	0.0341*	0.0300
	(-1.13)	(3.45)	(2.07)	(2.10)	(1.69)	(1.19)
Constant	-0.593***	-0.930***	-0.829***	-1.023***	-0.811***	-0.887***
	(-10.07)	(-12.55)	(-15.18)	(-13.22)	(-12.98)	(-13.88)
观测值	1386	1400	1078	1386	1400	1078

注：括号内为 *t* 统计量，*、**、*** 分别对应 10%、5%、1% 的显著性水平，模型未引入控制变量。

5.5　本章小结

在第 2 章机理分析的基础上，结合产业结构转型变量测算结果，本章通过构建中介效应模型对城市集群影响城市生态效率的结构转型驱动路径进行了实证分析，论证了其存在性与异质性。主要结论如下：

首先，研究期内，城市产业结构高度化、合理化指数得以改善，尽管二者均存在空间不均衡，但地理分布特征不一；高度化指数集中表现为中部地区高度化演进相较于东、西部相对缓慢，而合理化指数的空间结构化差异特征相对较弱。

其次，从整体来看城市集群发展存在结构优化效应，可以通过推动产业结构合理化与高度化两种路径进而提升城市生态效率。进一步地分样本研究表明：不同地区城市集群程度提升通过产业结构合理化与高度化对生态效率影响路径存在异质性，尽管均产生结构调整带来的生态效率提升效应，但其背后的经济逻辑却存在较明显的差异。对东部地区城市而言，城市集群发展对产业结构合理化与高度化产生正向促进作用，且后两者均与生态效率呈正相关；对中西部地区城市而言，集群发展对于产业结构合理化存在一定负向影响，并且产业结构合理化与生态效率呈负相关，集群发展对于产业结构高度化存在正向影响，同时后者与生态效率呈正相关；此外，与东中部城市相比，西部地区城市在集群发展过程中通过驱动产业结构高度化这一路径影响生态效率的效果并不稳定。

进一步地检验表明，城市集群所引致的产业结构转型升级在产业劳动率、产业比重的弹性变动上也存在异质性。在合理化维度的推动上，主要表现为第二、三产业劳动率的共同提升；而在高度化维度的推动上，除去效率的同向变动外，更加突出表现为其对于第三产业比重的正效应显著强于第二产业这一特征。就东部城市而言，集群提升对产业结构高度化产生影响主要归结为降低第二产业比重、推动第三产业比重与劳动率提升等路径，对第二产业劳动率则不存在明显作用；而集群程度作用于产业结构合理化则主要源自第三产业劳动率的提升这一路径，与第二产业劳动率变动关系不明显。就中部城市而言，其集群提升对产业结构高度化产生影响源自第二、三产业同向增长以及第二、三产业劳动率的共同提升；其作用于产业结构合理化同样是由第二、三产业劳动率的共同提升所致。就西部城市而言，其集群提升对产业结构高度化和合理化二者产生影响均主要由第二产业变动所致，第三产业作用尚不明显。

本章实证检验了城市集群推动城市生态效率提升的结构转型驱动路径这一重要作用机制的存在性，同时异质性的考察也进一步丰富了对于作用机制的认知，启示我们注意城市集群发展所引致的产业结构转型效应在不同地区的经济逻辑差异。

第6章 城市集群影响城市生态效率的机制检验：要素集聚调节路径

6.1 引言

集聚是城市经济的本质特征，其对于生产率的提升、生产成本节约的有效性已被众多学者所证明。然而，已有文献针对集聚的环境污染效应及其对生态效率的影响虽进行了多维度的探讨，却结论不一，总体如下：集聚不利于生态效率提升，集聚有利于生态效率提升，集聚与生态效率的关系呈非线性。部分学者考察了经济集聚所带来的污染排放与污染治理的正外部性，认为集聚缓解了环境污染。如 Zeng 和 Zhao（2009）① 的研究表明，在集聚区内，产业集聚规模的扩大将带来污染治理成本的递减，集聚所引致的污染治理成本的下降能够减轻污染排放，带来环境质量的改善。刘胜、顾乃华（2015）② 则发现经济集聚能够产生技术溢出，并降低污染排放。部分学者则更为直接地研究了经济集聚对于同时涵盖污染与产值复合指标的生态效率的影响，认为经济集聚有利于降低污染排放并带来生态效率的改善（杨柳青青，2017）③。部分学者探讨了负外部性视角下集聚的环境效应，认为集聚加重了环境污染，原因是集聚所引发的产能扩张和能

---

① ZENG D Z, ZHAO L. Pollution havens and industrial agglomeration[J]. Journal of Environmental Economics and Management, 2009, 58(2):141 - 153.

② 刘胜，顾乃华．行政垄断、生产性服务业集聚与城市工业污染——来自260个地级及以上城市的经验证据[J]．财经研究，2015，41(11):95 - 107.

③ 杨柳青青．产业格局、人口集聚、空间溢出与中国城市生态效率[D]．武汉：华中科技大学，2017.

源需求增加会加剧环境污染（Ciccone 和 Hall，1996）①，Verhoef 和 Nijkampa（2002）②通过构建单一中心城市空间均衡模型指出产业集聚导致了环境质量发生不同程度的恶化。Hosoe 和 Naito（2006）③ 指出经济集聚通过扩大产业规模带来区域污染排放水平的增加。同样，经济集聚带来的规模效应和拥挤效应将会加大污染（Martin 和 Hans，2011）④。在探讨集聚的生态环境效应时，现有研究通常关注的是相对割裂的城市个体的面板数据研究，这一现状致使将个体城市纳入城市群进行的探讨与分析相对缺乏；尽管部分研究基于空间溢出的视角分析了城市污染排放的负外部性或者其污染对于邻居城市的影响，但其没有考察城市个体在城市集群化过程中这一环境效应的动态变化。

本书第 3 章研究发现，以人口集聚表征的集聚变量对城市生态效率产生影响，但其正向效应在第 2 时段有所弱化，这一结论可能表明部分要素集聚程度较高的城市产生了集聚不经济或者负外部性，从而对生态效率提升产生了一定约束作用。我们不禁要问作为兼具广度与深度的集聚类型，当将个体城市纳入集群，城市集群是否能够对城市个体的集聚产生某种调节作用，或者说延缓、削弱城市集聚不经济出现的可能性，进而作用于城市生态效率。尽管我们在第 2 章的机理分析对于城市集群可能存在的调节作用进行了阐述，但并未进行相应的事实检验。接下来，我们将讨论城市集群程度提升过程中，城市经济集聚的生态环境效应是否会受到城市集群的影响，如果影响存在，其作用机制如何表现？为此，本章内容安排如下：首先，测度以人口、产业为表征的城市要素集聚变量，概要考察其特

---

① CICCONE A, HALL R E. Productivity and the density of economic activity[J]. American Economic Review, 1996, 86(1):54 – 70.

② VERHOEF E T, NIJKAMP P. Externalities in urban sustainability: Environmental versus localization – type agglomeration externalities in a general spatial equilibrium model of a single – sector monocentric industrial city[J]. Ecological Economics, 2002, 40(2):157 – 179.

③ HOSOE M, NAITO T. Trans – boundary pollution transmission and regional agglomeration effects [J]. Papers in Regional Science, 2006, 85(1):99 – 120.

④ MARTIN H, HANS L. Agglomeration and productivity: evidence from firm – level data[J]. Annals of Regional Science, 2011, 46(3):601 – 620.

征；其次，构建实证模型对城市集群的要素集聚调节作用进行检验；最后，给出本章的主要结论。

6.2 要素集聚变量测度及特征分析

6.2.1 测度指标选取

为检验作用路径的存在性，需寻找合适的要素集聚测度方法。关于人口集聚变量的测度我们沿用第 3 章相关测度结果。接下来需进行产业集聚的测度，分析现有研究可知，产业集聚的测度常见的计算方法有：空间基尼系数、赫芬达尔指数、泰尔指数等。但已有研究认为前述指标测算均忽略了较小地理单元差异所产生的空间偏倚（刘修岩，2014）[①]，而产出密度这一能够较好衡量单位面积经济活动承载量的指标被视为集聚的有效代理（Ciccone 和 Hall，1996）[②]。已有研究还认为，产出密度更加契合单位空间内经济活动的疏密程度这一集聚的重要内涵（邵帅，等，2019）[③]。基于以上考虑，参考已有研究的处理思路（张可、汪东芳，2014；邵帅，等，2019）[④⑤]，我们采用城市的非农产出增加值总和与城市行政管辖面积总和的比值来度量产业集聚程度。

6.2.2 时空演化特征

从时序演化来看，中国城市人口集聚密度最低值由 2003 年的 4.7 人/平方千米增加至 2016 年的 5.8 人/平方千米，而人口密度最高值由 2003 年的

① 刘修岩．空间效率与区域平衡：对中国省级层面集聚效应的检验[J]．世界经济，2014，37(1)：55－80.

② CICCONE A，HALL R E. Productivity and the density of economic activity[J]. American Economic Review，1996，86(1)：54－70.

③ 邵帅，张可，豆建民．经济集聚的节能减排效应：理论与中国经验[J]．管理世界，2019，35(1)：36－60，226.

④ 张可，汪东芳．经济集聚与环境污染的交互影响及空间溢出[J]．中国工业经济，2014(6)：70－82.

⑤ 邵帅，张可，豆建民．经济集聚的节能减排效应：理论与中国经验[J]．管理世界，2019，35(1)：36－60，226.

2348人/平方千米增加至2016年的2542人/平方千米，人口密度在研究期限内不断提升，同低值端相比，高值端人口增加幅度更大；同时，从当年变动来看，人口密度的最值差同样有所增加。从空间分布来看，研究期内，中国城市人口密度高水平地区主要分布在中东部以及西部的成渝地区和陕西关中地区，人口集聚高水平地区出现较明显的连片分布与空间集聚现象；与2003年相比，2016年中国城市的人口密度空间分布演化特征不明显，不同层级水平的空间分布基本稳定；人口密度的高、较高水平区占据重要地位。总之，中国城市人口密度得到较大提升，高值空间集聚与低值连片分布现象共存。

从时序演化来看，中国城市产出密度最低值由2003年的4.2万元/平方千米增加至2016年的25.3万元/平方千米，增长5.02倍；而产出密度最高值由2003年的14741万元/平方千米增加至2016年的97570万元/平方千米，增长5.6倍；产出密度在研究期限内获得极大提升；同时，从当年变动来看，产出密度最值差由2003年的14737万元/平方千米，增加至2016年的97545万元/平方千米，绝对差距明显扩大，而相对差距同样有所增加。

从空间分布来看，研究期内，中国城市产出密度高水平地区主要分布在东部，且有空间集聚现象；部分中西部高水平地区则表现为点状分布，中西部地区仍为产出密度低水平集聚区，与2003年相比，2016年中国城市的产出密度空间分布演化特征不明显，不同层级水平区的空间分布基本稳定；此外，从空间分布特征上我们还可以看出，产出密度的高水平区不占据主导，仍以中低水平为主，顶端优势仍有待加强。总的来说，中国城市产出密度得到极大提升，集聚现象不断强化，但存在较为明显的空间不均衡现象。

6.3 实证研究

6.3.1 基于人口集聚的调节效应模型设定

前文提到，要素的集聚通常包含人口集聚与产业集聚两个方面，我们已经就城市集群发展、要素集聚与城市生态效率的关系进行了较为详细的探讨，并认为城市集群发展能够影响个体城市的要素集聚。进一步来看，根据城市集群发展内涵，其演进变化过程中伴随着不同城市生产要素的流动，并通过“规模互借”来推动共同发展。换言之，推动城市集群发展可能伴随着一种对于城市经济集聚的调节效应，根据这一思路，我们将重点关注调节效应的存在与否，及其可能存在的异质性，据此，我们构建调节效应模型。所谓调节效应，是指一个解释变量对被解释变量的影响效应会因为另一个解释变量的水平不同而有所不同，如果所构建的调节变量对被解释变量的影响显著，则表明调节效应存在（王建明，2013）①。

根据上述分析，我们在第3章基础回归模型中引入城市集群程度与要素集聚的交互项 $\ln DEN_{i,t} \times \ln IC_{i,t}$，并作为核心关注变量来检验有关的作用机制，模型构建如下：

$$\ln EE_{i,t} = \alpha_0 + \alpha_1 \ln IC_{i,t} + \alpha_2 \ln DEN_{i,t} + \alpha_3 \ln DEN_{i,t} \times \ln IC_{i,t} + \sum_{j=1}^{n} \beta_j \ln X_{ji,t} + \mu_{i,t} + \theta_{i,t} + \varepsilon_{i,t} \quad (6-1)$$

式（6－1）中，$DEN_{i,t}$ 为城市要素集聚代理变量，分别为人口密度（population－density）与产出密度（production－density），并取对数化形式；其余变量同前述章节，不再赘述。如果交互项系数 $\alpha_3<0$，则说明在影响城市生态效率方面，城市集群发展与城市要素集聚存在代替作用，而就本书来说，则表明城市集群推进对于城市要素集聚的生态环境效应存在约束性；反之，若 $\alpha_3>0$，则表明二者存在互补作用，可以认为积极推动城市集群的培育对于城市要素集聚的生态环境效应存在正向调节作用。

6.3.2 实证结果分析

为检验城市集群发展是否存在要素集聚调节机制，首先以全部城市为样本对模型（6－1）进行回归，结果见表6－1第（1）列。由表可知，交互项 $\ln Pop\_den \times \ln IC$ 的估计系数在5%的水平显著为正，从整体上看，

① 王建明．资源节约意识对资源节约行为的影响——中国文化背景下一个交互效应和调节效应模型[J]．管理世界，2013(8)：77－90.

城市集群程度与人口集聚存在互补性，具体到本书，可以认为城市集群发展能够对人口集聚引起的城市生态效率变动起到正向促进作用。

进一步地，不同集聚密度的城市受到的调节效应可能存在区别，我们进一步讨论集群程度提升带来的调节效应对于不同集聚密度城市的影响。我们将城市按照人口密度划分为三类：高值密度区为前10%，中等密度区为10%～50%，低值密度区为后50%，回归结果见表6－1第（2）—（4）列。

第（2）列为高值密度城市的回归结果，交互项 $\ln Pop\_den \times \ln IC$ 的系数值在5%的显著性水平为正，表明对于高密度城市来说，城市集群程度提高对其聚集的生态环境效应有明显的正向调节作用。在城市集群发展过程中，要素流动存在“蒂伯特选择机制”（吴福象、刘志彪，2008）①，上述高密度集聚城市往往又是经济发达、基础设施相对发达的地区，这使得优质要素主动流向上述城市，提升其生产率和经济效益。随着城市集群发展趋势的加强，这一要素流动也存在自我强化，并形成优质要素的循环累积效应。同时，已有研究表明，上述城市原有居民往往可以通过“同群效应”对后来居民产生一种示范效应（郑怡林、陆铭，2018）②，这将提升整个群体的环保意识，减少污染物的排放以及资源浪费，上述因素共同促使高密度城市在城市集群过程中的生态效率逐渐提升。

第（3）、（4）列为中低集聚水平城市的回归结果，二者交互项 $\ln Pop\_den \times \ln IC$ 的估计系数均为正值，但只有中水平城市通过了10%的显著性水平，低水平城市未能通过显著性检验。对于这些城市来说，城市集群发展对其人口集聚的生态环境效应的调节效应不明显，有待强化。一方面，在城市集群发展过程中，上述城市人口要素联系度不强，外溢与规模效应均未能有效发挥。另一方面，由于市场调节机制的存在，优质人口

---

① 吴福象，刘志彪．城市化群落驱动经济增长的机制研究——来自长三角16个城市的经验证据[J]．经济研究，2008，43(11)：126－136.

② 郑怡林，陆铭．大城市更不环保吗？——基于规模效应与同群效应的分析[J]．复旦学报(社会科学版)，2018，60(1)：133－144.

要素出于对更高薪水、更高社会化服务等机会的追求，难以主动向上述城市集聚。这造成包含技术创新、技术外溢等一系列能够促进生态效率改善因素的相对迟滞和缺失，最终造成中低值集聚区城市的生态效率并未从城市集群过程中获得诸如高密度城市那样相对明显的正向调节作用。

需要说明的是，在研究城市人口集聚的文献中，人口集聚的度量除人口密度外，人口规模也为可用指标（王智勇，2018）①。因此，我们采用市辖区总人口指标并以2011年统计数据为基准②将城市分为大中小3类：大城市（100万人以上）、中等（50万~100万人）、小城市（50万人以下），对模型（6-1）进行回归以检验稳健性。观察结果可知，无论是显著性水平还是参数估计值，结果变动都不大；因此，类似前文，城市集群发展的调节作用存在异质性，对于大城市来说，城市集群发展对于城市集聚的生态环境效应的调节作用效果要强于中小城市。

表6-1　人口集聚全样本、分样本调节路径回归结果

项目	(1)	(2)	(3)	(4)	(5)	(6)	(7)
	全	高	中	低	大	中	小
ln*IC*	-0.051***	-0.0108***	0.0330**	1.192	-0.0825***	-0.296**	0.532
	(-3.04)	(-5.01)	(6.22)	(1.27)	(-4.26)	(-10.85)	(1.25)
ln*Pop_den*	-0.0430**	0.652**	-0.0968**	0.523			
	(-2.15)	(2.31)	(-1.99)	(1.03)			
ln*Pop_den*×ln*IC*	0.0144**	0.0247**	0.0138*	-0.176			
	(2.04)	(2.26)	(1.71)	(-1.19)			
ln*Pop_scale*					-0.115**	-0.0755*	0.445*
					(-2.31)	(-1.85)	(1.93)
ln*Pop_scale*×ln*IC*					0.0234**	0.230	-0.0961
					(2.42)	(1.47)	(-1.14)

① 王智勇．人口集聚与区域经济增长——对威廉姆森假说的一个检验[J]．南京社会科学，2018(3):60-69.

② 由于部分城市在研究期内存在行政区划调整，我们以2011年为筛选基准：包含大城市126个，中等城市107个，小城市43个。

续表

项目	(1)	(2)	(3)	(4)	(5)	(6)	(7)
	全	高	中	低	大	中	小
控制变量	Y	Y	Y	Y	Y	Y	Y
Time - effect	Y	Y	Y	Y	Y	Y	Y
City - effect	Y	Y	Y	Y	Y	Y	Y
R^2	0.5032	0.4383	0.4811	0.3465	0.4024	0.3345	0.3977
Hausman	38.21***	51.03***	62.17***	44.07***	58.03***	41.35***	52.04***
观测值	3864	392	1540	1932	1764	1498	602

注：括号内为 t 统计量，*、**、*** 分别对应 10%、5%、1% 的显著性水平，控制变量未汇报。

6.4　一个基于产业集聚变量的补充分析

6.4.1　全国样本的回归结果

前文首先分析了人口集聚作为集聚代理变量的实证结果，并得出了城市集群发展能够通过调节城市要素集聚进而作用于城市生态效率的结论，同时也探讨了可能存在的异质性问题。那么当模型（6-1）转向产业集聚变量时，相关结果又如何，我们继续探讨这一问题，以期丰富研究结论。

首先来看全部样本的回归结果（表6-2），我们主要关注交互项 $\ln Pro\_den \times \ln IC$ 的估计系数。由表第（1）列可知，参数值在1%的水平显著为正，从整体上看，城市集群程度与经济集聚存在互补性，城市集群发展能够增强经济集聚对于城市生态效率的正向促进作用。一方面，城市集群程度的提升，促进了不同城市间要素的流动，增强了生产过程中的规模效应、正外部性效应，进而推动了城市生产效率的提升。另一方面，城市集群程度的提升也在一定程度上缓解了聚集不经济，尤其是减少资源浪费、降低环境污染等产生于城市经济集聚过程中的负外部性，进而有效提升了环保效果，改善了城市生态效率。

全时段样本分析表明，城市集群程度提升增强了城市经济集聚对生态效率的影响，换言之，二者对于城市生态效率的提升存在一定的协同促进作用，城市集群发展能够降低原有的个体城市发展过程中存在的不利因素，进而获得“群化”效应。由第2章可知，在研究期内中国城市集群程度持续提升，那么，随着时间的推移，城市集群程度的要素集聚调节机制又会呈现何种变化？鉴于此，我们进行了两个时段的回归，借以考察可能存在的动态效应，相关参数估计结果见表6－2第（2）、（3）列。观察可知，两个时段的城市集群程度与城市经济集聚的交互项均显著为正，且第1时段在10%的显著水平下通过检验，第2时段在1%的显著性水平为正，表明两个时段城市集群程度的提升均对城市经济集聚影响生态效率产生了正向调节作用。进一步地，无论是系数大小还是显著性水平第1时段均弱于第2时段，原因可能在于：在集群发育初始时期，城市间经济联系与要素流动作用较弱，资源配置效率较低，部分城市之间的匹配、共享、学习机制尚未有效发挥作用；在第2时段，随着集群发展的快速推进，城市间经济联系与要素流动迅速强化，“共享、匹配和学习”的溢出效应得以强化（Ingstrup和Damgaard，2013）①，个体城市周围存在更多的城市空间载体以及生产要素的集聚和疏散场所，而部分城市间存在的城市“规模互借”也相较于第1阶段成为可能。在上述多种因素的共同驱使下，城市集群发展对于城市经济集聚的调节作用进一步增强，生产效率、要素配置不断合理，技术进步更加快速，从而为城市生态效率的提升创造了更为有利的条件。

表6－2　产业集聚全样本调节路径回归结果

项目	(1)	(2)	(3)
	全时段：2003—2016年	第1时段：2003—2009年	第2时段：2010—2016年
ln*IC*	0.214***	0.210***	0.331***
	(8.56)	(5.68)	(5.50)

① INGSTRUP M B, DAMGAARD T. Cluster facilitation from a cluster life cycle perspective[J]. European Planning Studies, 2013, 21(4):556－574.

续表

项目	(1)	(2)	(3)
	全时段：2003—2016年	第1时段：2003—2009年	第2时段：2010—2016年
ln*Pro_den*	-0.508 (-1.60)	-1.580*** (-3.49)	-0.322 (-0.97)
ln*Pro_den* × ln*IC*	0.0216*** (2.68)	0.0109* (1.92)	0.0576*** (2.52)
控制变量	Y	Y	Y
Constant	-0.5575*** (-2.51)	-0.2765*** (-1.15)	0.1508*** (0.67)
Time - effect	Y	Y	Y
City - effect	Y	Y	Y
R^2	0.3017	0.3345	0.2323
Hausman	47.99***	60.17***	42.88***
观测值	3864	1932	1932

注：括号内为 *t* 统计量，*、**、*** 分别对应10%、5%、1%的显著性水平。

6.4.2　不同维度分样本回归结果

不同集聚密度的城市受到的调节效应可能存在区别，我们进一步讨论集群程度提升带来的调节效应对于不同集聚密度城市的影响。同前文一样，我们将城市按照产出密度划分为三类：高值密度区为前10%，中等密度区为10%～50%，低值密度区为后50%，回归结果见表6-3。

我们首先来看分样本全时段回归结果，表6-3上半部分第（1）列为高值密度城市的回归结果，交互项 ln*Pro_den* × ln*IC* 的系数值在1%的显著性水平为正，表明，对于高密度城市来说，城市集群程度提高其聚集的生态环境效应有明显的正向调节作用。一方面，集群程度的提升进一步推动了这些城市经济发展过程中产生的规模经济，使得优质要素进一步流入，提升其生产率和经济效益。另一方面，对于这些城市来说，过高的集聚可能伴随负外部性，而随着城市集群的快速推进，上述城市可以在与周围城市的经济交往与要素流动过程中，依托产业外移、人口外迁等手段，进行自身集聚不经济的疏解；在这一要素疏解过程中，不仅伴随着要素疏解之后原有经济效率的再提升，同时也获得了较强污染性的产业或企业外迁所带来的直接环境收益，上述作用共同缓解了其生态环境问题，增强了其经济发展质量，带来了生态效率的改善。接着来看第（2）列中等密度城市的参数值，其交互项 $\ln Pro\_den \times \ln IC$ 的估计系数在5%的显著性水平为正，对于这些城市来说，城市集群程度提高对其经济聚集的生态环境效应起到正向调节作用，二者具有互补性。一方面，集群程度的提升进一步推动了这些城市经济发展过程中产生的规模经济，生产要素的专业化集聚成为上述城市的一个重要特征，这就促使产出规模、产出效率不断提升以及产出结构逐渐优化，同时专业化集聚带来的正外部性也在上述城市间存在，因此，经济得到快速提升。另一方面，在城市集群化过程中，上述城市同时也是高值密度或者核心城市的外围区，其往往凭借工资、地租以及地理邻近等成为部分经济要素迁入的首选地（Huang et al.，2018）[①]，尽管这在一定程度上可能伴随着污染的转移，但随着技术的进步与外溢，以及环保治理的改善，短期污染将被长期经济效益的获得和环境保护最终取代，城市生态效率得到提升。最后来看第（3）列低值集聚城市交互项 $\ln Pro\_den \times \ln IC$ 的估计系数为正，但并不显著，说明城市集群对其要素集聚的调节效应尚未达到有效诱发门槛，作用路径并不明显。当前城市集群发展成为中国城市建设的发展趋势，低值集聚区城市的生态效率并未从城市集群发展过程中获得诸如中高密度城市那样相对明显的正向调节作用。

本章6.2节内容表明，产出集聚密度空间分布存在较为明显的不均衡现象，东部城市为集聚高值集中区，中西部城市绝大部分表现为中低水平。为了避免表6-3中人为密度值划分带来的主观性，我们进一步以最为常见的东、中、西区域划分对模型进行回归，从而检验前述分析结果的可

---

① HUANGY, LI L, YU Y T. Does urban cluster promote the increase of urban eco-efficiency? Evidence from Chinese cities[J]. Journal of Cleaner Production, 2018,197(1):957-971.

靠性。东、中、西划分的回归结果见表6-3下半部分。首先来看东部城市，其交互项 $\ln Pro\_den \times \ln IC$ 的估计系数在5%的显著性水平为正，表明对于东部地区城市来说，其城市集群程度的提升能够有效发挥要素集聚的调节作用机制，从而进一步推动自身生态效率的改善；中部地区城市的交互项 $\ln Pro\_den \times \ln IC$ 的估计系数仍然为正，但其显著性降低，仅通过了10%的显著性水平；值得注意的是，西部地区城市交互项 $\ln Pro\_den \times \ln IC$ 的估计系数仍然没有通过显著性检验。总的来说，东、中、西的检验在一定程度上论证了前面产出集聚程度划分的合理性，同时，综合上述估计结果我们认为：当前中国部分城市尤其是中西部城市集聚水平较低，较低的集聚水平一方面使得集群发展过程中的凭借经济联系和要素流动而产生的多种正向外部性或是正向空间溢出效应难以实现，另一方面城市之间资源优化配置空间有限，以致资源集约利用、规模效应难以有效发挥。这一结论也得到了已有研究的支持，（Au和Henderson，2006；柯善咨、赵曜，2014）①②。

进一步地，已有研究表明当城市集聚水平较低时，集聚原本具有的污染减排规模效应难以有效发挥（张可、豆建民，2013；张可，2018）③④。这就造成在低值密度区城市难以实现高值集聚区的污染减排效应，由于低值密度区存在较为明显的空间连片集中分布现象，这就造成了一定区域内多个并不具备污染减排规模效应的城市“空间集聚”、污染减排效应不明显的现象，进而造成中西部地区城市集群程度虽然提升了，但上述城市的集群发展尚不具备有效的要素集聚调节驱动机制。

---

① AU C C, HENDERSON J V. Are Chinese cities too small? [J]. The Review of Economic Studies, 2006, 73(3):549-576.

② 柯善咨,赵曜. 产业结构，城市规模与中国城市生产率[J]. 经济研究，2014(4):76-88.

③ 张可,豆建民. 集聚对环境污染的作用机制研究[J]. 中国人口科学,2013(5):105-116+128.

④ 张可. 经济集聚的减排效应:基于空间经济学视角的解释[J]. 产业经济研究，2018,94(3):68-80.

表 6-3 产业集聚分样本调节路径回归结果

项目	(1)	(2)	(3)
	高（≥10%）	中（10%~50%）	低（<50%）
ln*IC*	0.249*** (5.03)	0.306** (2.49)	0.165*** (7.15)
ln*Pro_den*	-0.435*** (-4.40)	-0.421** (-2.30)	-0.0593 (-1.19)
ln*Pro_den*×ln*IC*	0.0507*** (3.83)	0.0426** (2.25)	0.0119 (1.43)
控制变量	Y	Y	Y
Time-effect	Y	Y	Y
City-effect	Y	Y	Y
R^2	0.4024	0.3027	0.2988
Hausman	48.06***	39.50***	29.04***
观测值	392	1540	1932
	东	中	西
ln*IC*	0.239*** (5.87)	0.210*** (2.83)	0.209*** (7.40)
ln*PDEN*	-0.0998 (-0.23)	-0.417 (-0.57)	-1.147** (-2.04)
ln*Pro_den*×ln*IC*	0.0325** (2.20)	0.0313* (1.80)	-0.0069 (-0.63)
Control	Y	Y	Y
Time-effect	Y	Y	Y
City-effect	Y	Y	Y
R^2	0.4024	0.3345	0.3977
Hausman	58.03***	41.35***	52.04***
观测值	1386	1400	1078

注：括号内为 *t* 统计量，*、**、*** 分别对应 10%、5%、1% 的显著性水平，控制变量未汇报。

总结上述分析，我们认为：首先，无论是人口集聚还是产业集聚作为要素集聚的代理变量，均能够表明城市集群发展在城市集聚影响生态效率的作用过程中存在调节效应，而这种调节效应更多地表现为二者的互补关系。或者说，城市集群发展相比于个体城市集聚带来的生态环境效应来说作用力度更强，城市集群发展的双重外部性效果更为显著。由于回归结果均表现为水平越低调节效应越弱、水平越高调节效应越强这一特征，因此推动城市集群发展、拓展中小城市集聚规模具有必要性和现实紧迫性。其次，与产业集聚相比，以人口集聚为变量时，城市集群发展的调节效应相对较弱。尽管这可能与回归数据的使用有关，但在某种程度上我们认为，与产业的集聚程度与集聚规模相比，人口的集聚程度与集聚规模仍然相对滞后。由于尚未实现人口“质与量”与较大规模的城市空间载体的匹配，后者的规模效应与外溢效应仍然存在很大提升空间，资源配置优化与效率提升存在制约，显然这也难以满足已有研究认为大城市更能实现环保的论断的要求。因此，就推进生态效率而言，人口的集聚需要得到足够的关注。

6.5　本章小结

在第 2 章机理分析的基础上，结合要素集聚变量测算结果，本章通过构建调节效应模型对城市集群影响城市生态效率的要素集聚调节路径进行了实证分析，论证了其存在性与异质性。主要结论如下：

首先，研究期内以人口、产业为表征的要素集聚水平逐渐增强，且存在空间不均衡性和一定程度的东中西递减的梯度特征。

随后，实证检验表明，从整体来看城市集群发展存在要素集聚调节效应，且随着城市集群程度的提升，这一调节作用有所增强。一方面，可以疏解集聚不经济、减少资源浪费、降低环境污染等负外部性；另一方面，可以提升规模经济和正外部性，最终实现城市生态效率的改善。同时，城市集群发展的要素集聚调节效应存在异质性，其正向调节作用对于高密度城市最为显著，中等密度城市次之，低密度城市的调节效应尚不明显，低值集聚区城市的生态效率并未从城市集群过程中获得诸如中高密度城市那样相对明显的正向调节作用。人口集聚的代理变量也基本上验证了城市集群发展对于要素集聚调节作用的存在性和异质性。

归结本章，首先，无论是人口集聚还是产业集聚作为要素集聚的代理变量，均能够表明城市集群发展在城市集聚影响生态效率的作用过程中存在调节效应。其次，梳理异质性分析可知，当前推动城市集群发展，增强中小城市要素集聚能力具有必要性和现实紧迫性。最后，与产业集聚相比，以人口集聚为变量时，城市集群发展的调节效应相对较弱，人口的集聚程度与集聚规模仍然相对滞后，由于尚未实现人口“质与量”与较大规模的城市空间载体的匹配，后者的规模效应与外溢效应仍然存在很大提升空间，因此，就提高生态效率而言，人口的集聚需得到足够的关注。

本章研究的主要价值在于实证考察了要素集聚调节路径的存在性以及由此引致的疏解效应、规模效应成为城市集群发展推动城市生态效率变动的一个重要的作用机制。同时，异质性的考察揭示了集群发展对于人口集聚和产业集聚的调节效应的不平衡性，以及对于中西部集聚水平较低和集聚规模较小城市的重点支持与培育的必要性。

第7章　城市集群与城市生态效率：基于空间视角的深化研究

7.1　引言

由第3章可知，城市集群程度的提升对核心与边缘城市的生态效率均存在促进作用，并且对于核心城市生态效率的影响在一定程度上优于边缘城市。进一步地，我们探讨了不同作用路径对于生态效率的影响。截至目前，前述研究更多地集中于宏观层面，显然这有利于从整体上把握城市集群对于城市生态效率的影响，并实现对作用机制与异质性的考察。

然而前文在相对中观的层面上仍需进一步深化与拓展，突出表现在我们并未针对核心与边缘两类城市生态效率的关系展开进一步研究。在城市集群发展过程中，在一个相当长的时期内将必然存在核心与边缘的城市群的圈层结构。我们在第3章的城市集群测度结果也进一步佐证了这一结论，那么城市集群演化发展过程中产生的这一空间圈层现象又会如何进一步影响城市生态效率呢？接下来我们适当优化研究对象，将本书所计算的城市集群程度与政府城市集群规划相结合，确定两类不同的研究对象，在此基础上考察生态效率的空间差异与效应，并探究上述结果对于中国城市生态效率的协同提升产生怎样的影响。作为对前述章节的深化，本章安排如下：首先，阐述本章研究对象选取的背景及研究价值所在；其次，实证分析研究对象生态效率的差异性；再次，构建实证模型探讨生态效率的空间效应；最后，给出本章的结论。

7.2 一个缩减的典型样本：长江经济带

7.2.1 研究对象的典型性

将长江经济带建设成为中国生态文明建设的核心地区，要求走生态优先、绿色发展道路。然而长江经济带仍然面临快速城镇化带来的巨大资源与环境压力，以能源消耗为例，整个长江经济带的能源消耗总量全国占比超过45.08%（方创琳，等，2015）①。如何推动长江经济带绿色发展成为近年来国内学者的热点研究对象，相关成果逐渐增多，主要涉及：长江经济带环境综合承载力研究（Sun et al.，2018；Tian 和 Sun，2018）②③，长江经济带绿色发展绩效研究（李琳、张佳，2016；Li 和 Liu，2017；吴传清、黄磊，2018；吴传清、宋筱筱，2018）④⑤⑥⑦，长江经济带生态效率、环境效率研究（汪克亮，等，2016；邢贞成，等，

---

① 方创琳，周成虎，王振波．长江经济带城市群可持续发展战略问题与分级梯度发展重点[J]．地理科学进展，2015，34(11)：1398－1408.

② SUN C，CHEN L，TIAN Y. Study on the urban state carrying capacity for unbalanced sustainable development regions：Evidence from the Yangtze River Economic Belt[J]. Ecological Indicators，2018，89：150－158.

③ TIAN Y，SUN C. A spatial differentiation study on comprehensive carrying capacity of the urban agglomeration in the Yangtze River Economic Belt[J]. Regional Science and Urban Economics，2018，68：11－22.

④ 李琳，张佳．长江经济带工业绿色发展水平差异及其分解——基于2004—2013年108个城市的比较研究[J]．软科学，2016，30(11)：48－53.

⑤ LI L，LIU Y. Industrial green spatial pattern evolution of Yangtze River Economic Belt in China[J]. Chinese Geographical Science，2017，27(4)：660－672.

⑥ 吴传清，黄磊．长江经济带工业绿色发展绩效评估及其协同效应研究[J]．中国地质大学学报(社会科学版)，2018，18(3)：46－55.

⑦ 吴传清，宋筱筱．长江经济带城市绿色发展影响因素及效率评估[J]．学习与实践，2018(4)：5－13.

2018；Chen et al.，2017；李强、高楠，2018）[①②③④]。不同的研究从多个角度为推动长江经济带的绿色发展提供了日益丰富的理论参考和实证借鉴。

回顾以往研究我们发现，有关长江经济带绿色发展的相关文献的研究范式可以总结为两个主要维度：一是对整个长江经济带的生态效率展开研究，并将其分为上、中、下游进行后续比较分析，这种方法虽然涵盖了长江经济带的全部范围，但显然忽略了城市集群。随着城市集群的不断推进，且由于城市集群建设在区域发展中的重要战略位置，将城市集群纳入分析具有必要性。二是少数学者涉及长江经济带及其内部城市集群的生态效率，但在分析城市集群的生态效率时仍然局限于研究对象的对比分析，"就群论群"。这一研究方式虽然相对缩小了研究尺度，但将其他非城市群城市排除在研究对象之外，也使得其他城市的绿色发展研究常常被忽略，而这又与实现长江经济带共抓大保护、地区联防共建，推动长江经济带绿色发展的理念未能有效契合。城市集群建设目的之一在于其"区域带动作用"，因此，单纯的城市集群比较在一定程度上忽视了其带动作用存在与否的评价，也就难以实现对其作用的客观评价。综上，考虑到长江经济带兼具城市体系相对完整、集群建设快速推进、绿色发展转型迫切的多样化特征，我们将其作为一个缩减的典型样本，并试图借助一个新的研究视角深化本书的研究。

7.2.2　研究对象的划分说明

长江经济带覆盖11个省（市），横跨中国东部、中部和西部，土地面积为205万平方千米，人口和国内生产总值占全国的40%以上。全域下辖

---

① 汪克亮，孟祥瑞，程云鹤．环境压力视角下区域生态效率测度及收敛性——以长江经济带为例[J]．系统工程，2016，34(4)：109－116.

② 邢贞成，王济干，张婕．长江经济带全要素生态绩效评价研究——基于非径向方向性距离函数[J]．软科学，2018，32(7)：102－106.

③ CHEN N，XU L，CHEN Z. Environmental efficiency analysis of the Yangtze River Economic Zone using super efficiency data envelopment analysis（SEDEA）and Tobit models[J]．Energy，2017，134：659－671.

④ 李强，高楠．长江经济带生态效率时空格局演化及影响因素研究[J]．重庆大学学报(社会科学版)，2018，24(3)：29－37.

131个地级及以上行政单元，其中108个地级及以上城市、23个自治州。根据前文城市集群程度与生态效率计算结果，本章选取108个地级及以上城市作为研究样本。进一步的，根据研究设计，本章首先结合第3章城市集群测度结果并在参考已有国家城市群发展规划的基础上，对长江经济带进行空间聚类划分，并将其定义为典型城市集群地区（方便起见，所辖城市称为“群内城市”，下文同）和非典型城市集群地区（所辖城市称为“非群城市”，下文同）。具体分类及相关解释如下：

表7－1　城市群名单及所属分类列表

大类	样本细分	城市列表
典型集群地区	长三角城市群	上海、南京、无锡、常州、苏州、南通、扬州、镇江、泰州、杭州、宁波、嘉兴、湖州、绍兴、舟山、台州
	长江中游城市群	南昌、景德镇、九江、鹰潭、宜春、上饶、武汉、黄石、鄂州、孝感、黄冈、咸宁、长沙、株洲、湘潭、岳阳、常德、益阳
	成渝城市群	重庆、成都、自贡、泸州、德阳、绵阳、遂宁、内江、乐山、南充、眉山、宜宾、广安、资阳
非典型集群地区	非长三角城市	徐州、连云港、淮安、盐城、宿迁、温州、金华、衢州、丽水、合肥、芜湖、蚌埠、淮南、马鞍山、淮北、铜陵、安庆、黄山、滁州、阜阳、苏州、六安、亳州、池州、宣城
	非长江中游城市	萍乡、新余、赣州、吉安、抚州、十堰、宜昌、襄阳、荆门、荆州、随州、衡阳、邵阳、张家界、郴州、永州、怀化、娄底
	非成渝城市	攀枝花、广元、达州、雅安、巴中、贵阳、六盘水、遵义、安顺、昆明、曲靖、玉溪、宝山、昭通、丽江、普洱、临沧

注：由于城市集群发展具有动态特征以及边缘模糊性的特征，且其并不像行政区划那样具有固定边界，因此，我们认为将其称为典型集群与非典型集群具有合理性。有关分类确定的简要说明，首先，确定典型集群区。共包含三个：长三角城市群、长江中游城市群、成渝城市群。长三角根据2010年国务院批复的《长江三角洲地区区域规划》确定，其整体性与第2章IC结果基本吻合；长江中游根据《长株潭城市群区域规划（2008—2020）》《武汉城市圈区域发展规划（2013—2020）》和2009年批复的《鄱阳湖生态经济区规划》整合确定，并参考IC计算结果剔除部分地市；成渝根据《成渝经济区区域规划（2011—2020）》确定，并参考IC结果剔除部分地市。其次，所有未列入典型集群区的城市均纳入非典型集群区。具体地，非长三角是指浙江、江苏和安徽的其余城市；非长江中游是指湖北、湖南和江西的其余城市；非成渝是指四川、云南和贵州的其他城市。

接下来，我们重点关注以下内容：长江经济带典型城市集群地区生态效率与非典型城市集群地区的生态效率的空间差异性；其次，探讨典型城市集群地区生态效率与非典型城市集群地区生态效率的关系、空间效应，以及空间效应对于城市生态效率协同提升的影响。

7.3　长江经济带生态效率时序特征的分析

本节将初步考察典型城市集群与非典型集群生态效率的变化特征及二者可能存在的差异性。鉴于此，我们将从三个不同的尺度，即整个长江经济带、群内城市和非群城市以及三个细分样本的群内城市及非群城市进行详细的分析。

我们首先对长江经济带全样本城市、群内城市、非群城市进行整理，随后对其2003—2016年生态效率进行匹配，分别计算均值，曲线轨迹如图7-1所示。

观察可知，首先，基于总样本的长江经济带平均生态效率得分在2006年之前下降，随后在2007—2016年波动上升，总的来说，长江经济带生态效率在研究期内得到改善。

其次，观察群内城市和非群城市的生态效率均值，可以看到，尽管在部分时段出现下滑，但2003—2016年群内城市的效率均值得到了提升，研究期内一定程度上实现了有效的经济发展和环境保护。非群城市效率均值在研究期内存在相对明显的波动，第一阶段（2003—2008年）处于逐年下降趋势，第二阶段（2009—2012年）波动较大，经济发展和环境保护存在较大不稳定性，随后在2013—2016年呈现稳中有升的趋势。此外，群内城市和非群城市生态效率差距有所拉大，并未出现效率均值的排位逆转。

进一步地，我们对三个细分样本的生态效率时序轨迹进行了分析，发现如下几个特征：对于长三角群内城市和非群城市来说，2003—2007年的生态效率均值近似相同，差距不明显。2008—2013年二者差距有所增加，随后二者差距有所减缓。对于长江中游群内城市和非群城市来说，2003—2016年，群内城市生态效率逐步提升，非群城市生态效率在整个研究期内

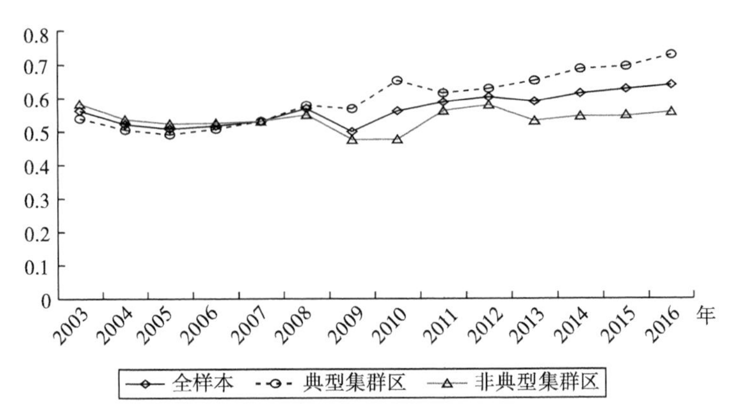

图 7-1 2003—2016 年典型与非典型城市集群地区生态效率均值轨迹

波动，非群城市和群内城市的生态效率均值在 2007 年之后差距有所增加。对于成渝群内城市和非群城市来说，在 2007 年之前，群内城市的生态效率均值低于非群城市，随后二者均呈增长态势，但群内城市效率值增速快于非群城市。

7.4 实证模型设计

时序描绘结果初步表明群内与群外城市生态效率存在差异，那么这一差异是否具有统计显著性，需要进一步检验。我们设置虚拟变量模型对这一结果进行回归分析。进一步地，一旦二者效率存在显著性差异，那么这种差异是否又存在空间效应，换言之，典型集群区域的生态效率对于非典型集群区域的生态效率是否存在空间影响效应。接下来我们将深化这一研究。

7.4.1 典型集群生态效率显著高于非典型集群吗：线性面板设定

为检验群内城市的生态效率是否显著优于非群城市，我们引入了一个虚拟变量，构建模型（7-1）用于检验二者的差异性，其形式如下：

$$\ln EE_{i,t} = \alpha + \beta Dummy + \sum_{j=1}^{n} \gamma_j \ln X_{i,t} + u_{i,t} \tag{7-1}$$

其中，$EE_{i,t}$ 表示城市 i 在 t 年的生态效率，如果城市 i 属于群内城市，则虚拟变量等于1，否则为0。β 是对应的估计系数，如果 β 值显著大于0，那么群内城市的生态效率显著高于非群城市。$\sum_{j=1}^{n}\ln X_{i,t}$ 是影响生态效率的控制变量，γ 表示参数估计值，$u_{i,t}$ 为标准误。

7.4.2 典型集群生态效率溢出了吗：空间面板设定

接下来的内容将关注引言中提到的第二个问题，即群内城市生态效率是否对非群城市生态效率存在空间效应，也即城市群内生态效率是否推动了非群城市生态效率的提升及地区生态效率的共同改善。陆大道（2014）① 指出，随着社会经济的发展，“极—轴”将不可避免地发展成“极轴—集聚区”，这一所谓“集聚区”也是一个规模更大、外部作用更强的“极点”，并通常表现为城市集聚区和城市集群，在这一过程中，社会经济因素将从高层“极点”和“轴心”扩散到较低层次的“极点”和“轴心”。同样，增长极理论指出溢出效应是由发达地区或发达地区经济活动引起的，边缘地区或落后地区处于被动地位的空间过程（柯善咨，2009）②。借鉴这一思路，我们进一步探究群内生态效率对于非群生态效率的影响，并分析由此引发的空间效应。为此，引入收敛模型作为实证分析的初始模型，同时为检验生态效率的空间效应，我们将空间溢出这一变量引入收敛模型，构建如下回归方程：

$$\ln\left(\frac{EE_{i,t+1}}{EE_{i,t}}\right) = \alpha + \beta\ln EE_{i,t} + \rho W\ln\left(\frac{EE_{j,t+1}}{EE_{j,t}}\right) + \gamma W\ln EE_{j,t} + \varepsilon_{i,t} \tag{7-2}$$

其中，i，j 代表城市，且 $i \neq j$；ρ 为衡量空间效应的系数；β 和 γ 是待估计系数，分别表征收敛系数和相邻地区生态效率初始水平的影响；ε_{it} 是随机误差项。W 是描述城市空间排列的 $n \times n$ 阶空间权重矩阵。在上式中，若 β 显著为负，说明城市生态效率存在收敛；若 ρ 显著为正，说明存在生态效

---

① 陆大道．建设经济带是经济发展布局的最佳选择——长江经济带经济发展的巨大潜力[J]．地理科学，2014，34(7)：769－772.

② 柯善咨．扩散与流：城市在中部崛起中的主导作用[J]．管理世界，2009(1)：61－71.

率增长的正向空间效应；若 γ 显著为正，说明邻居区域期初的生态效率对目标区域具有正向的影响。

在权重构造过程中，为避免单一权重矩阵带来的估计偏误，我们构造了 3 种类型的空间权重矩阵，即地理距离矩阵 W^1 、经济距离矩阵 W^2 以及二者复合矩阵 W^3 ，其定义如下。

$$W^1 = \begin{cases} 0, if \quad i = j \\ \dfrac{1}{d_{ij}}, if \quad i \neq j \end{cases} \qquad W^2 = \begin{cases} 0, if \quad i = j \\ \dfrac{1}{|\overline{GDP_i} - \overline{GDP_j}|}, if \quad i \neq j \end{cases}$$

$$W^3 = \begin{cases} 0, if \quad i = j \\ \dfrac{\overline{PGDP_i} \times \overline{PGDP_j}}{d_{ij}^2}, if \quad i \neq j \end{cases} \tag{7-3}$$

其中，d_{ij} 测量城市 i 和 j 之间的距离；$\overline{PGDP_i}$ 和 $\overline{PGDP_j}$ 分别表示研究期间城市 i 和 j 人均 GDP 的平均值。上述空间权重矩阵在运算过程中均进行归一化处理。

进一步地，我们还将控制变量引入上式进行回归，用于考察生态效率空间效应估计结果的稳健性，在式（7－2）的基础上引出如下模型：

$$\ln\left(\frac{EE_{i,t+1}}{EE_{i,t}}\right) = \alpha + \beta \ln EE_{i,t} + \rho W \ln\left(\frac{EE_{j,t+1}}{EE_{j,t}}\right) + \gamma W \ln EE_{j,t} + \theta W X_{j,t} + \delta \ln X_{i,t} + \varepsilon_{i,t} \tag{7-4}$$

7.5 效率差异与空间效应的回归结果分析

7.5.1 效率差异的虚拟变量回归结果分析

7.5.1.1 全样本结果分析

长江经济带全样本虚拟变量回归方程的估计结果列于表 7－2。为了较为全面地揭示典型集群城市与非典型集群城市生态效率的动态变化，我们进行了全时段、第 1 时段（2003—2009 年）、第 2 时段（2010—2016 年）等 3 个时段的回归检验。首先来看全时段检验结果，第（1）列上半部分虚拟变量 Dummy 的回归系数为 0.0313，在 10% 的水平显著，表明群内城市生态效率显著高于非群城市；第（2）列上半部分为第1时段回归检验结果，Dummy 系数未能通过显著性水平检验，但为正值；第（3）列上半部分为第2时段回归检验结果，Dummy 系数显著为正且大于全时段系数值，表明第2时段群内城市生态效率显著优于非群城市。

7.5.1.2　细分样本结果分析

随后，我们对三个细分样本进行了类似的估计，回归结果同样整理至表7-2。首先来看长三角群内城市和非群城市的估计结果，第（4）列上半部分为全时段检验结果，虚拟变量 Dummy 的回归系数为 0.1049，并在5% 的水平显著，表明长三角群内城市生态效率显著高于非群城市；第（5）列上半部分为第1时段回归检验结果，Dummy 系数虽未能通过显著性水平检验，但为正值；第（6）列上半部分为第2时段回归结果，Dummy 系数显著为正且大于全时段系数值，表明相较于非群城市，群内城市生态效率取得较为明显提升。

接着来看长江中游群内城市和非群城市的估计结果，第（1）列下半部分为全时段检验结果，虚拟变量 Dummy 的回归系数为 0.0985，但并没有通过显著性水平检验；第（2）列下半部分为第1时段回归检验结果，Dummy 系数为正但未能通过显著性检验；第（3）列下半部分为第2时段回归结果，Dummy 系数为正且通过了10% 的显著性水平；总的来看，研究期内群内与非群城市生态效率尚未出现明显差异，但近年来群内城市生态效率相对非群城市取得了更为明显的提升。

最后来看成渝群内城市和非群城市的回归结果。第（4）列下半部分为全时段检验结果，虚拟变量 Dummy 的回归系数为 0.0618，但不显著，表明成渝群内城市生态效率并未显著优于非群城市生态效率；第（5）列下半部分为第1时段回归结果，系数为负值且未能通过显著性水平检验；第（6）列下半部分为第2时段回归结果，系数为正，但仍不显著，表明相较于非群城市，该时段群内城市生态效率得到改善，但非群城市生态效率的提升并不明显。

表 7-2 虚拟变量回归结果

项目	(1)	(2)	(3)	(4)	(5)	(6)
	2003—2016 年	2003—2009 年	2010—2016 年	2003—2016 年	2003—2009 年	2010—2016 年
	长江经济带群内及非群城市			长三角群内及非群城市		
Dum.	0.0313*	0.011	0.092**	0.1049**	0.057	0.224**
	(1.75)	(0.39)	(2.41)	(2.21)	(0.71)	(2.40)
控制变量	Y	Y	Y	Y	Y	Y
Cons.	0.274*	0.436***	1.280***	0.713***	0.628**	2.014***
	(1.74)	(3.48)	(4.65)	(2.71)	(2.06)	(3.74)
Obs.	1512	756	756	574	287	287
	长江中游群内及非群城市			成渝群内及非群城市		
Dum.	0.0985	0.096	0.120*	0.0618	-0.075	0.117
	(1.04)	(1.01)	(1.91)	(0.14)	(-0.81)	(1.16)
控制变量	Y	Y	Y	Y	Y	Y
Cons.	0.131	-0.101	1.186***	0.415*	0.609**	1.102**
	(0.61)	(-0.34)	(3.31)	(1.68)	(2.50)	(2.16)
Obs.	504	252	252	434	217	217

注：括号内为 t 统计量，*、**、*** 分别对应 10%、5%、1% 的显著性。

7.5.2 收敛模式和空间效应的结果分析

由前文分析可知，总的来看，典型集群地区生态效率与非典型地区生态效率存在显著性差异，且在不同样本下这一差异化结果基本稳健。接下来对前文构建的模型进行回归分析，借以考察生态效率的收敛性及空间效应。

我们使用最大似然估计（MLE）方法来估计覆盖长江经济带全样本的方程（7-2），并主要关注系数 β 和 ρ，以捕获生态效率收敛模式、空间效应的存在性与大小（表 7-3）。由表可知，模型符合固定效应空间杜宾（SDM-FE）。首先来看空间系数 ρ，由第（1）—（3）列可知，不同空间权重下 ρ 的空间系数均为正，表明整个观察期内，典型集群城市的高值生态效率对于非典型集群城市的低值生态效率产生了一定程度的溢出效应，并开始显现出对于全域生态效率协同提升的促进作用。需要说明的是，在前文我们已经提到，空间溢出效应是由高值区主动向低值区进行，而我们又进一步论证了典型集群城市生态效率总体上高于非典型集群城市，因此，我们有理由认为生态效率空间效应的溢出是由处于高值的群内城市向低值非群城市扩散引起的。

进一步地，我们对引入控制变量的方程（7－4）进行回归，由第（4）—（6）列结果可知，相关估计结果变化不大，表明模型是稳健的，同时相关控制变量在空间关系上的显著性也表明城市之间确实存在相互作用，这也佐证了城市集群发展过程中各城市通过复杂的相互作用对城市自身及其周围城市产生影响，进而作用于生态效率的过程。

对于另一个主要观测变量 β，不同空间权重下其系数值均为负。这表明，长江经济带生态效率存在收敛。结合空间溢出效应的存在性，我们认为研究期内生态效率存在收敛，且空间效应的存在有利于这一现象的形成。此外，γ 的系数为正，也证实了生态效率初始水平较高地区的城市在集群发展过程中对于周围效率低值区存在一定的正向作用，但作用仍需加强。

表7－3　全样本空间面板回归结果

项目	(1)	(2)	(3)	(4)	(5)	(6)
	地理	经济	复合	地理	经济	复合
β	－0.296***	－0.292***	－0.297***	－0.3734***	－0.3863***	－0.3934***
	(－4.61)	(－4.45)	(－5.11)	(－5.65)	(－6.00)	(－6.42)
ρ	0.124	0.138	0.145*	0.294*	0.252	0.345**
	(0.89)	(0.99)	(1.77)	(1.69)	(1.01)	(1.99)
γ	0.0143*	0.0177	0.0254	0.0348	0.0727*	0.0667*
	(1.70)	(0.99)	(1.12)	(1.04)	(1.89)	(1.81)
$W \times TECH$				0.0210*	0.0165*	0.0323**
				(1.83)	(1.78)	(2.17)
$W \times ER$				0.0562***	0.0269***	0.0543***
				(1.76)	(0.87)	(1.74)

续表

项目	(1)	(2)	(3)	(4)	(5)	(6)
	地理	经济	复合	地理	经济	复合
$W \times FDI$				-0.0167 **	-0.0099 **	-0.0166 ***
				(-4.17)	(-3.41)	(-4.11)
$W \times INDTH$				0.1665	0.3221 *	0.2665 *
				(1.03)	(1.93)	(1.77)
$W \times PDEN$				0.0283 *	0.0221	0.0265 *
				(1.83)	(1.43)	(1.71)
$W \times LDR$				-0.0883	-0.3221	-0.2665
				(-0.43)	(-1.43)	(-1.41)
R^2	0.2881	0.2728	0.2911	0.3315	0.3371	0.3598
Log-L	1671.8310	1648.5110	1677.3824	1861.2076	1877.1311	1911.4405
Hausman	124.6871 ***	201.0073 ***	138.7040 ***	156.4933 ***	106.2849 ***	216.8721 ***
Obs.	1512	1512	1512	1512	1512	1512

注：括号内为 t 统计量，*、**、*** 分别对应 10%、5%、1% 的显著性水平。

根据前文分析可知，研究样本生态效率的变化大致存在两个阶段，因此，我们根据前述时间节点，采用模型（7-3）分别检验了不同时段生态效率空间效应的变化（见表7-4），仍然重点关注 ρ 和 β 两个参数。

首先来看第1时段，在经济距离权重下的回归结果为负，但不显著，在地理距离和复合距离权重下 ρ 值为正，但仅有复合权重通过10%，表明这一阶段生态效率的空间效应较弱且并不稳定。第2时段 ρ 的估计值为正值，除去经济距离权重不显著外，地理距离权重与复合距离权重均通过了5%的显著性水平，表明这一阶段，典型集群地区的高值生态效率存在空间溢出效应，典型集群地区的高值生态效率对于非典型集群地区生态效率产生了正向影响且近年来有所增强。

此外，不同空间权重下两个时段收敛系数 β 均显著为负，表明不同时段均存在生态效率的收敛现象，而第2时段收敛速度快于第1时段，也进一步佐证了空间效应的正向外部性有利于缩减典型集群高值生态效率与非典型集群低值生态效率的差距。总的来说，整个长江经济带生态效率协同提升趋势有所加强。

表 7-4　全样本分时段空间面板回归结果

项目	(1)	(2)	(3)	(4)	(5)	(6)
	地理	经济	复合	地理	经济	复合
	第 1 时段：2003—2009 年			第 2 时段：2010—2016 年		
β	-0.3936 ***	-0.3922 ***	-0.4147 ***	-0.3134 ***	-0.3563 ***	-0.3574 ***
	(-4.71)	(-4.45)	(-6.81)	(-5.65)	(-6.00)	(-6.02)
ρ	0.0643	-0.1459	0.1454 *	0.1883 **	0.3221	0.1765 **
	(0.40)	(-0.99)	(1.72)	(1.88)	(1.43)	(2.41)
R^2	0.3081	0.3128	0.3177	0.3211	0.2928	0.2873
Log-L	1521.8440	1528.5040	1553.3520	1644.2436	1611.1483	1527.4405
Hausman	109.687 ***	201.007 ***	138.704 ***	158.495 ***	106.287 ***	160.881 ***
Obs.	756	756	756	756	756	756

注：括号内为 t 统计量，*、**、*** 分别对应 10%、5%、1% 的显著性水平。

前文从整体上估计了研究期内长江经济带生态效率的时间趋势与空间效应的存在性与方向，接下来我们研究三个细分样本的生态效率的空间效应。依据回归模型（7-3），我们在表 7-5 汇报了不同细分样本在全时段、第 1 时段、第 2 时段的不同空间权重矩阵下的回归结果。

表 7-5 上半部分第（1）—（3）列为长三角群内及非群城市全部城市生态效率的空间效应回归结果，分析可知：在整个观察期内，参数 ρ 的估计值基本为正值，在经济权重和地理权重下不显著，但在复合权重下通过了 5% 的显著性水平，这在一定程度上表明，在研究期内长三角群内城市高值生态效率存在正向空间溢出效应，高值地区的空间溢出效应对于周围非群地区城市生态效率的提升起到了正向影响；继续来看第（4）—（9）列不同时段回归结果，可以发现，在第 2 时段经济权重和复合权重下的回归结果均为正向显著，且分别通过了 5% 和 1% 的显著性检验，其显著性相较于第 1 时段得到增强，可以认为高值地区生态效率的变化有利于推动低值非群城市生态效率的提高。进一步地，我们观察长三角全部样本城市的收敛系数 β 可知，不同时段和不同权重下基

本为负值，且通过显著性检验，表明长三角群内城市及其周围非群城市的生态效率存在空间收敛，通过对比前后系数值可知，尽管其收敛速度有所提升，但总体来看变化并不明显。据此推断，研究期内长三角城市集群核心高水平生态效率区域存在正向效应，这种逐渐溢出的正向外部性对于地区生态效率的整体改善起到促进作用，也有利于推动生态效率的空间俱乐部收敛的形成，但前后的改善尚不明显，仍有待进一步加强。

我们继续来看长江中游群内及非群城市全部样本城市生态效率的空间效应。表7－5中间部分第（1）—（3）列为全时段回归结果，分析可知：在整个观察期内，参数ρ的估计值基本为负值，且不显著。为此，接着来看分时段回归结果，第1时段三种权重下的回归结果均为负向不显著，这可能是由于该阶段群内城市生态效率与非群城市生态效率差异并不明显，尽管前文的线性面板回归论证了二者的效率差异，但在考虑了空间变量后这一差异并没有引起生态效率的空间效应。我们继续观察不同时段的检验结论，由第2时段的估计值可知，三种权重下的回归系数均为正向，尽管没有通过显著性检验，但在一定程度上可以认为是正向空间溢出效应的孕育迹象。进一步的，我们观察长江中游城市集群核心地区与非核心地区生态效率的收敛系数β可知，不同时段和不同权重下基本为负值，且通过了显著性检验，表明长江中游群内城市及其周围城市的生态效率存在空间收敛，且收敛系数的绝对值揭示了其收敛速度有所加快的事实。

最后来看成渝群内及非群城市全部样本城市生态效率空间效应的存在性。表7－5下半部分第（1）—（3）列为全时段回归结果，分析可知：在整个观察期内，参数ρ的估计值基本为负值，且在复合权重下均通过了10%的显著性水平，表明在研究期内高值生态效率对于低值生态效率产生了虹吸作用，也即高值地区存在负向空间溢出效应，但尚不明显。继续来看分时段回归结果，可以发现与第1时段相比，第2时段回归结果显著性得到增强，且仍旧保持为负，据此我们认为，核心集群区生态效率对于非核心集群区的生态效率的虹吸效应有所增强。同时，我们还发现，收敛系数β在不同时段和不同权重下显著性检验结果并不稳定，表明成渝地区样本城市的生态效率并不存在明显的收敛现象。

细分样本不同情境的回归结果详细地展示了研究期内生态效率的空间效应，将上述实证检验结果与实际城市集群发展相结合，我们进一步做如下分析：

发育程度较好的城市集群其生态效率的空间效应较为显著，且近年来逐渐表现为空间正向溢出的态势。一方面，可能源于群内城市生态效率的提升机制渐趋成熟，诸如相对成熟的市场整合机制、要素集聚调节机制、产业结构优化机制，使得群内城市生态效率得以保持在一个总体好转且能够较易延续的水平上；同时，空间溢出效应也能够逐渐形成。另一方面，非群城市由于邻接距离的优势引起产业、市场、技术等要素的学习、模仿、共享而实现生态效率自我改善能力的提升，换言之，上述地区生态效率空间溢出的利用能力有所增强。

处于上升期的城市群群内城市与外围非群城市的生态效率的空间差异与空间效应的变动相比于较为成熟地区的城市集群及其周围区域更容易存在空间溢出方向的正负变化，且虹吸效应仍处于较为显著的阶段。进一步地，结合本书第2章城市集群空间分布，我们还认为典型城市集群的生态效率溢出和虹吸的存在性与否，与城市集群发育的空间结构的稳定度及核心城市数量存在一定关系，这一现象在那些城市集群发育处于上升期的地区表现得更为明显。

表7-5　分样本及其分时段空间面板回归结果

项目	(1)	(2)	(3)	(4)	(5)	(6)	(7)	(8)	(9)
	地理	经济	复合	地理	经济	复合	地理	经济	复合
	全时段：2003—2016年			第1时段：2003—2009年			第2时段：2010—2016年		
长三角群内与非群城市									
β	-0.244***	-0.222***	-0.282***	-0.308***	-0.357***	-0.408***	-0.397***	-0.408***	-0.439***
	(-4.55)	(-4.02)	(-4.65)	(-5.33)	(-5.41)	(-5.99)	(-5.58)	(-6.01)	(-6.41)

续表

项目	(1)	(2)	(3)	(4)	(5)	(6)	(7)	(8)	(9)
	地理	经济	复合	地理	经济	复合	地理	经济	复合
	全时段：2003—2016 年			第 1 时段：2003—2009 年			第 2 时段：2010—2016 年		
长三角群内与非群城市									
ρ	0.312	0.223	0.288 *	0.148	0.155 **	0.201 ***	0.137 ***	0.257 ***	0.245 ***
	(1.32)	(1.03)	(1.82)	(1.02)	(2.33)	(3.18)	(1.32)	(2.89)	(2.53)
R^2	0.3066	0.3112	0.3161	0.3235	0.3284	0.3336	0.2865	0.2909	0.2955
Log - L	1212.897	1189.482	1145.997	1376.802	1392.088	1408.813	1443.702	1338.568	1372.018
Hausman	79.21 ***	70.23 ***	109.20 ***	87.45 ***	84.37 ***	94.33 ***	67.66 ***	84.99 ***	104.31 ***
Obs.	574	574	574	287	287	287	287	287	287
长江中游群内与非群城市									
β	-0.361 ***	-0.358 ***	-0.369 ***	-0.278 ***	-0.251 ***	-0.279 ***	-0.368 ***	-0.408 ***	-0.478 ***
	(-6.63)	(-6.52)	(-6.55)	(-5.37)	(-5.23)	(-5.48)	(-5.97)	(-6.03)	(-6.29)
ρ	0.112	-0.095	-0.088	-0.200	-0.115	-0.110	0.177	0.151	0.115
	(0.37)	(-0.34)	(-0.32)	(-1.11)	(-0.38)	(-0.37)	(1.01)	(0.78)	(0.57)
R^2	0.3395	0.3447	0.3501	0.3475	0.3528	0.3584	0.301	0.3056	0.3104
Log - L	930.354	939.182	933.156	974.524	999.743	966.630	989.589	993.717	918.482
Hausman	61.57 ***	58.42 ***	79.11 ***	63.89 ***	57.18 ***	47.62 ***	63.18 ***	39.78 ***	53.22 ***
Obs.	504	504	504	252	252	252	252	252	252
成渝群内与非群城市									
β	-0.022	0.029	-0.051	0.074	-0.071	-0.79	-0.072	-0.061 *	-0.058 *
	(-1.08)	(1.32)	(-1.69)	(0.60)	(-0.57)	(-0.63)	(-0.95)	(-1.78)	(-1.70)
ρ	-0.025	-0.007	-0.011 *	-0.374	0.064	-0.489	-0.043 *	-0.087	-0.049 *
	(-0.50)	(-0.29)	(-1.82)	(-0.77)	(0.672)	(-0.47)	(-1.67)	(-0.87)	(-1.77)
R^2	0.3802	0.386	0.392	0.3417	0.3469	0.3523	0.2985	0.3031	0.3079
Log - L	858.827	838.374	888.353	921.749	951.577	972.070	911.723	921.940	901.989
Hausman	36.65 ***	26.42 ***	56.48 ***	91.62 ***	31.79 ***	55.64 ***	71.65 ***	38.77 ***	62.18 ***
Obs.	434	434	434	217	217	217	217	217	217

注：括号内为 t 统计量，*、**、*** 分别对应 10%、5%、1% 的显著性水平。

7.6　本章小结

本章将研究对象下沉至长江经济带这一政策热点区域，结合本书城市集群程度计算，并参考已有城市群空间划分，从一个新的视角考察了长江经济带所含城市在不同观测口径下的生态效率差异及其空间效应，继而探讨了这种空间效应对于长江经济带生态效率协同提升带来的影响。归结本章，主要结论如下：

首先，研究期内，长江经济带生态效率得到改善，典型集群和非典型集群地区的生态效率均在波动中提升。总的来看，无论是总样本还是细分样本，典型城市集群生态效率都要高于非典型城市集群。

其次，整个观察期内，典型城市集群地区的高值生态效率存在正向空间溢出效应，这有利于非典型集群地区的低值生态效率的提升，能够对全域生态效率的提升起到促进作用，并对长江经济带生态效率的收敛产生有利影响。分时段检验表明，第2时段空间溢出效应较之于第1时段有所增强，整个长江经济带生态效率协同提升趋势有所加强，但仍存在较大发展空间。

再次，分样本检测给出了更多异质性的检验结论。一是研究期内长三角群内城市高水平生态效率存在空间效应，这种逐渐溢出的正向外部性对于地区生态效率的整体改善起到促进作用，也有利于推动生态效率的收敛俱乐部的形成。二是研究期内长江中游群内城市高值生态效率存在一定的空间效应，且后期群内城市高值生态效率的空间效应发生转向，系数由负到正，虽并不显著，但在一定程度上可以认为是正向空间溢出效应的孕育迹象。三是研究期内尤其是第2时段，成渝地区的高值生态效率对于低值生态效率产生了虹吸作用，这一负向空间溢出对于周围地区生态效率的提升起到了约束作用，同时也不利于成渝地区生态效率的收敛。

最后，我们认为，发育程度较好的城市集群其生态效率的空间效应较为显著，且近年来逐渐表现为空间正向溢出的态势。这源于群内城市生态效率渐趋成熟的提升机制以及非群城市对于空间溢出利用能力的增强。处于上升期的城市群与外围非群城市生态效率的空间差异与空间效应的变动更容易存在空间溢出方向的正负变化，且虹吸效应仍处于较为显著的阶段。

本章研究在于启示我们：强调典型城市群生态效率，并不总是有利于地区生态效率的协同提升；作为一个整合绿色发展战略和城市集群发展战略的流域经济，要全面提升长江经济带生态效率，需要我们给予非群城市或者边缘城市更多关注。同时，这一思路可以拓展至全国其他典型城市集群及其周围地区。

第 8 章　结论与政策建议

8.1　主要结论

大力推动城市集群建设成为当前中国实现全面协调发展的重要道路，在已有相对成熟的城市集群的引领、示范与带动下，中国政府对于城市集群的规划建设快速推进。与此同时，集群地区也成为资源消耗、环境污染的典型地带与集中区域。显然，在绿色发展理念下系统研判城市集群化过程中存在的经济增长与污染排放尤为重要，这关系到对于以城市集群发展道路为依托，实现转型时期中国绿色发展理想预期的合理性与可能性的正确认知。鉴于此，本书以城市集群程度的动态演变表征城市集群发展，以生态效率表征绿色发展，详细剖析了城市集群对城市生态效率的影响及作用机制，并在空间视角下深化了本书的认知。全书主要结论如下：

结论 1：中国城市集群程度逐渐增加，城市集群发展不断推进；城市生态效率在波动中渐趋上升；二者均存在显著的空间差异。

研究期内城市集群发展快速推进，城市集群程度呈由北到南、由西到东双向递增的空间态势，且存在明显的空间不均衡。中国城市生态效率总体得到改善，不同层级的生态效率均呈上升趋势；在空间分布上，东部城市略高于中西部城市，且空间集聚化趋势有所加强。

结论 2：中国城市集群发展对城市生态效率产生正向促进作用，集群程度的提升成为生态效率改善的有效驱动力。

研究表明，集群程度每提高 1 个百分点，生态效率增长 0. 24 ~0. 26 个百分点，推动城市集群建设已成为提升城市生态效率的一个重要驱动力。

分时段研究表明，随着中国城市集群建设的加快，集群程度的提升对生态效率的正向边际效应有所增强。

考察东中西部地区分样本可知：东中西部地区城市集群程度的提升均有利于城市生态效率的改善。随着时间的推移，东部城市集群发展对城市生态效率的正向边际效应有所降低，优化城市体系需要给予足够重视。中西部城市集群发展对城市生态效率的正向作用逐渐显现，存在较大发展空间。考察“核心—边缘”分样本可知：城市集群程度的提升有利于核心与边缘城市生态效率的改善，但存在差异，核心城市集群程度提升引致的生态效率的正响应有所增强，而边缘城市则尚未呈现出时序变化的较强敏感性，正响应变化不大。

结论 3：中国城市集群发展主要通过市场整合提升路径、结构转型驱动路径、要素集聚调节路径作用于城市生态效率。

首先，城市集群发展存在市场整合提升效应，能够通过影响市场整合进而作用于生态效率。本书认为城市集群发展能够通过影响空间距离、技术差异、政府行为等作用于市场整合，并认为市场整合影响城市生态效率的作用维度主要表现在降低贸易成本与壁垒、降低产业重构、影响污染企业选址及转移等方面。

在估算中国市场整合数据的基础上，通过实证表明，从整体来看城市集群发展存在市场整合效应，可以通过推动市场整合这一路径提升城市生态效率。分样本研究表明：在城市集群化过程中，与东部城市相比中西部城市对于弱化地方保护、推动市场整合相对不敏感；核心城市的市场整合反应系数显著优于边缘城市；在推动城市生态效率的作用上，跨省城市集群的市场整合效应弱于省内城市集群。

其次，城市集群发展存在产业结构转型驱动效应，能够通过影响产业结构转型进而作用于生态效率。本书认为城市集群发展能够提供并持续优化产业结构转型的空间载体。通过提供相对于城市个体更为丰富的要素、更为便利的要素流动性以及动态空间结构从而影响产业结构转型。进一步地，城市集群发展可以更好地促进分工，通过增强规模经济效应与多样化集聚进而推动产业结构转型。

在估算中国城市产业结构转型的基础上，通过实证表明，从整体来看城市集群发展存在结构优化效应，可以通过作用于产业结构合理化与高度化路径进而提升城市生态效率。分样本研究表明：不同地区城市集群程度的提升通过产业结构合理化与高度化对生态效率的影响路径存在异质性，且存在经济逻辑的差异化。对东部城市而言，其集群发展对产业结构合理化与高度化产生正向促进作用，且后两者均与生态效率呈正相关；对中西部城市而言，其集群发展对产业结构合理化产生负向效应，且后者与生态效率呈负相关；对中部城市而言，其集群发展对产业结构高度化产生正向影响，且后者与生态效率呈正相关，而西部城市产业结构高度化路径并不稳定。

最后，城市集群发展存在要素集聚调节效应进而作用于生态效率。本书探讨了城市集群发展对个体城市要素集聚所引致的生态效率变动的调节作用。认为人口集聚存在规模效应、集约效应与示范效应，并通过影响生产、消费对生态效率产生作用。产业集聚引发外部效应与规模效应，并主要通过技术创新、产出规模扩张对生态效率产生影响。本书进一步将城市集群发展的要素调节路径归纳为：高集聚密度和大规模城市规避自身集聚不经济、消除负外部性的作用路径；较小规模和低集聚密度城市不断拓展自身借以寻求集聚效应的作用路径。

在估算人口、产业集聚变量的基础上，实证表明城市集群存在要素集聚调节效应，有利于城市生态效率的改善，且随着城市集群程度的提升，调节效应有所增强。分样本研究表明，要素集聚调节效应存在异质性。调节作用在高密度和东部城市较为显著，中低密度城市以及中西部城市尚不明显，有待加强。分析还认为，为了有效释放城市集群发展的要素集聚调节效应，增强中小城市要素集聚能力具有必要性和现实紧迫性。与产业集聚相比，以人口集聚为变量时，城市集群发展的调节效应相对较弱，存在较大提升空间。

结论 4：生态效率存在空间效应，长江经济带典型城市集群高值生态效率兼具正向效应（扩散效应）和负向效应（虹吸效应），对低值地区生态效率和效率协同提升存在复杂影响。

总体来看，长江经济带典型集群和非典型集群地区的生态效率均在波动中提升，典型城市集群生态效率高于非典型城市集群。典型城市集群地区的高值生态效率存在正向空间溢出效应，这有利于非典型集群地区的低值生态效率的提升，能够对全域生态效率的提升起到促进作用，但仍存在较大发展空间。

分样本检验表明：一是长三角群内城市高水平生态效率存在空间效应，正向空间溢出（扩散效应）对于地区生态效率的整体改善起到促进作用，有利于推动生态效率收敛俱乐部的形成。二是长江中游群内城市高值生态效率存在一定的空间效应，在研究时段内整体表现为高值地区的生态效率对于周围低值生态效率的负向效应（虹吸效应）向正向空间效应（扩散效应）的转变。三是成渝地区的高值生态效率对于低值生态效率存在负向效应（虹吸效应）。分析认为，发育程度较好的城市集群其生态效率的空间效应较为显著，且近年来逐渐表现为空间正向溢出的态势。处于上升期的城市群生态效率的空间效应的作用方向相对不稳定，兼具正向效应与负向效应。

8.2 政策建议

根据全书架构和研究结论提出如下建议：城市集群发展对城市生态效率存在提升效应，要求我们继续推进城市集群建设；城市集群能够通过市场整合提升、结构转型驱动、要素集聚调节等路径作用于城市生态效率，要求我们创造有利条件，强化不同维度效应的发挥；生态效率存在空间效应，要求我们正确识别空间效应并对之加以运用。上述建议展开如下：

8.2.1 持续推进城市集群建设，构建合理的城市群体系

本书研究表明，与城市个体相比，集群发展能够改善城市集群化过程中城市个体的生态效率，已成为驱动生态效率提升的重要推力，且随着城

市集群程度的提升，生态效率的正响应有所增强。因此，要实现中国绿色发展这一预期目标，从全局来看，要坚持推进城市集群发展模式，构建合理的城市群体系。

一方面，要积极促进相对成熟、集群程度高值集聚的长三角、珠三角、京津冀三大城市集群的发展，进一步促进其城市集群程度的提升。同时，本书研究还表明，在东部地区随着城市集群程度的提升，其对于城市生态效率提升的正向边际效应有所减缓，且城市集群对于东部城市要素集聚存在调节作用。因此，这要求我们既要继续推进上述城市集群发展，又要防止城市集群以及个别城市的过度粗放化扩张，更加注重其城市体系与层级结构的合理性。具体而言，一是从城市群整体层面来说，要基于产业链互补、市场互补、功能互补、空间互补等原则促进城市集群中不同等级城市间形成合理高效的分工体系，构建良好的城市体系的空间架构。二是对于城市个体尤其是大城市、特大城市或者是已存在集聚不经济的城市来说，要借助城市集群化过程，将部分要素和资源疏解至周围以至更远的城市，降低集聚不经济带来的经济效率损失和资源浪费、环境污染，通过自身资源配置重构与产业重组，释放更多发展空间。同时要以战略性新兴产业和现代服务业培育与发展为契机强化自身发展，并提升其外向服务能力。

另一方面，要加大对中西部地区城市集群发展的政策倾斜与培育力度，提升城市集群发展所引致的生态效率正向效应。积极推动具有较强发展潜力的成渝、长江中游、哈长等城市集群的发展。进一步的研究表明，“核心—边缘”城市生态效率在城市集群程度提升过程中的敏感性存在区别，且中西部地区城市集群存在明显的“核心—边缘”结构。因此，在培育中西部地区城市集群发展过程中，要避免出现中心城市规模过度蔓延、边缘中小城市弱化的“断层式”空间结构，要加大对于边缘中小城市和低密度集聚城市的培育力度，形成城市集群良性发展的节点支撑。对于中小城市或集聚密度较低的城市，其集聚经济的外部性和规模效应尚未有效发挥，造成生态效率的驱动能力较弱。上述结果的出现根本原因在于这些城市缺失产业、人口集聚的有效环境。针对这一现状，该类城市要积极创造条件融入城市集群化过程，要立足自身特色，寻求要素集聚“生长点”和对外经济联系“突破点”，不断增强自身吸引力，充分利用城市集群快速推进的历史机遇提升自身经济发展水平，构筑该类城市生态效率有效提升所需要的要素集聚规模和集聚密度基础。

8.2.2 强化作用路径，打造有利于集群生态效率增长效应释放的外部条件

本书在理论与实证分析过程中指出，城市集群能够通过市场整合提升路径、结构转型驱动路径对城市生态效率产生影响。为此，要增强城市集群发展产生的生态效率增长效应，除继续稳步推进城市集群建设，还需针对推进市场整合、产业结构转型制定有效措施，强化其发挥作用的有利条件。具体来看：

一方面，创造有利于产业结构转型升级的条件。本书研究表明，产业结构的转型升级尤其是产业结构高度化能够对生态效率产生更为重要的影响，产业转型是推动经济长期稳定增长的动力源泉，也是实现资源节约、环境友好，继而推进中国高质量发展的必由之路。具体而言，一是要求政策制定者要更加注重城市产业结构的高度化，要鼓励探索产业结构转型升级以及产业结构高度化过程中的自主创新。为此，应积极制定推行合理科学的产业规划与产业发展战略，实现产业发展方向的顶端优化；要制定重点突出、兼顾均衡的产业政策，优化产业转型升级政策支撑，着力推动产业的智能化发展，拓宽现代装备制造业和战略性新兴产业的发展空间，促进现代高端制造业的发展，要积极鼓励具有转型能力和转型意愿的传统制造业的升级改造；要积极引导制造业服务化发展趋势，加大对制造业服务化产业和企业的奖励与扶植，推进制造业服务化发展进程。二是打造良好的城市生活环境，完善基本公共服务设施，提升公共服务水平，吸引人才与人力资本的集聚，为产业转型升级创造更多的智力支持和就业岗位。人才与知识的集聚是城市创新的核心来源，由此而来的创新将成为产业结构

转型升级的强大动力，同时还可能推动高端需求的产生，从而引致新兴产业和新兴市场，并进一步促使产业结构转型升级。

另一方面，创造有利于市场整合的条件。本书研究表明，尽管研究期内国内市场趋于整合，但仍存在不稳定性，这意味着市场分割在长期内仍将存在，并对生态效率改善存在约束作用。因此，推动市场整合成为必然选择。在影响市场整合发展的众多要素中，政府政策的制定对于市场整合的影响具有广泛性和直接性，尽管由于财税分权的存在，推进市场整合的政策效果有所弱化，但仍然是有效削弱地方分割，推进市场整合的可靠性选择。因此，要继续推进出台有利于消除市场壁垒，打破地区、行业垄断的政策和文件。此外，本书研究表明，就市场整合效应来说，跨省城市集群弱于省内城市集群，这就需要各地区采取有针对性的区域性和专门性措施。例如，加强跨省城市集群的政府间合作，持续推进其市场整合建设，以城市联席会、协调委员会为抓手，实现城市市场整合。

8.2.3　重视空间效应，构建生态效率协同提升格局

不少研究表明，经济集聚与环境污染具有空间溢出效应，本书第 7 章生态效率空间效应的考察也指出，典型城市集群区与非典型城市集群区的生态效率存在空间差异，且存在生态效率空间效应的分异化：正向溢出（扩散效应）与负向溢出（虹吸效应）。生态效率是经济发展与资源环境共同变动的复合结果，因此，要提升城市生态效率，需要我们正确运用空间效应。

一方面，对于经济维度空间效应的运用：巩固核心城市或核心集群的经济发展水平，加强对边缘城市发展的培育与支持力度，推动城市经济协同发展。以城市集群空间效应的时序变动特征为政策制定依据，既要强化正向空间溢出能力，又要提升空间外溢效应利用能力，还要防止负向空间溢出效应持续存在所引致的经济发展水平的“马太效应”。要巩固和强化生态效率高值城市的自我提升和正向空间效应。那些发展相对成熟且具有一定正向空间溢出效应的城市集群，要进一步强化自身对于优质生产要素

的培育与运用能力，增强自身集聚效应和规模经济，进而提升经济发展水平和空间溢出能力，并最终拓宽其对于周围城市的辐射范围，实现较广区域内经济质量和经济水平的同步提升。同样，对于存在正向空间效应但并不稳定的城市集群来说，要创造条件，增强其正向空间效应的稳定性。

另一方面，对于环境质量维度空间效应的运用：加强环境污染治理的联防联治，实现环境质量共同提升。生态效率存在空间溢出效应，且第7章回归分析变量环境规制存在空间显著性，表明城市集群发展过程中环境污染与环境治理存在相互影响，城市间环境质量密切相关，存在“一荣俱荣、一损俱损”的可能性。因此，要加强跨地区的环境治理合作，实行有利于环境质量协同提升的政策。具体而言，其一，效率高水平城市要积极发挥示范带头作用，强化对于落后地区产业培育、产业承接的扶植，要主动推进绿色环保技术的转移和扩散，实现环境治理效果的互助共赢。其二，要积极推动建立城市集群在环境规划制定、环境治理投资、环境污染赔偿、污染排放交易、生态转移支付等领域的合作。鼓励已有城市集群积极探寻设立城市集群环保委员会的可行性，探索设立区域统一环保标准，区域联合环境执法的必要性；同时，积极创建城市集群环保基金，增强环境污染治理联防联治的物质支持和良好运行保障。进一步地，在环保管理体制上实行垂直管理试点，强化上级政府对于下级政府环境污染治理行为的引导、监督和协调，推进环境质量协同提升的政策大环境建设，增进城市集群尤其是对于具有跨省特征的城市集群环境质量提升过程中的政府效率。

总之，环境问题产生于经济问题，在城市集群快速推进过程中，推动城市生态效率的协同提升，需要充分考虑空间效应，构建以经济协同为主、政策和管理协同为辅的联合共建格局。

8.3 不足与展望

总结与梳理全书，囿于本人能力和研究数据的获取，本书仍存在一些不足，而这将有待于进一步地研究和拓展。

（1）城市集群及其动态发展是一个极为复杂的过程，本书选择了包含距离和规模在内的简化替代变量对城市集群程度进行了测度，虽然有利于从一个较为简单的切入点进行本书的研究，但这一做法仍存在可能的改进空间。一方面，本书在集群程度测算过程中，由于统计数据的限制，人口数据为户籍人口数据，尽管多数城市口径文献也沿用这一做法，但显然在数据质量方面，常住人口数据更能反映集群程度。另一方面，本书在集群程度测算过程中，距离的选择采用了地理空间距离，虽然这一做法可以在较大程度上排除内生性的影响，但仅考虑地理空间似乎又显得有些不足，当前中国基础设施建设的快速推进使得“时间距离”成为不少研究中的一个常见因素，诸如高铁建设。因此，本书城市集群程度的计算是否可以完善上述两个指标有待进一步的思索。

（2）城市集群影响城市生态效率的作用机理具有复杂性，本书虽然从市场整合、结构转型、要素集聚等角度探讨了作用机制，并提供了一个较为丰富的研究内容，但是相关的机制研究仍有两点需要进一步完善：一是由于要素的集聚与结构转型二者均是要素流动和转移的客观结果，尽管二者存在不同，且集聚并不一定就表明结构必然得到优化，而结构转型优化也并不完全是集聚自然选择的结果，但不能否认二者确实存在联系。但本书在第 4 章、第 5 章机理的分析与影响效应的实证过程中，将二者分开处理，囿于个人能力，并没有对可能存在的交互影响问题给予关注，而这有待于寻找更为合适的视角与方法进行完善。二是在作用机制的检验过程中，本书重点对三种作用机制进行了存在性的考察，并论证了其有无及大小的问题；但从文章机理分析过程中可知，本书原本可以进行更为深入且详细的探讨，例如，城市集群发展可以通过影响技术差异进而作用于市场整合，但本书并没有在实证部分展开讨论，类似的问题可参见其他部分作用机制的分析过程。换言之，本书只是将实证部分的探讨停留在一个多种因素下的效应加总，也即重在强调作用路径的存在性及大小，并未深究其具体细分来源。

（3）在第 7 章，本书将研究对象下沉到长江经济带这一热点区域，并结合集群发展过程中形成的核心与边缘模式这一思路，对长江经济带典型城市群与非典型城市群的生态效率关系与空间效应进行了探讨，但空间效应的探讨只是重点关注“有无”，并未深入分析“多少”。同时，空间效应的探讨只是探讨了 A 对非 A 的影响，而由于地理空间的邻近，似乎探讨 B 对非 A 的生态效率的影响也存在一定的必要性，但本书并没有涉及，这也有待于进一步深化。

参考文献

[1]周牧之．鼎——托起中国的大城市群[M]．北京:世界知识出版社,2004.

[2]TAO F, ZHANG H, HU J, et al. Dynamics of green productivity growth for major Chinese urban agglomerations[J]. Applied Energy, 2017,196:170 - 179.

[3]卢伟．我国城市群形成过程中的区域负外部性及内部化对策研究[J]．中国软科学, 2014(8):90 - 99.

[4]VERHOEF E T, NIJKAMP P. Externalities in urban sustainability: Environmental versus localization - type agglomeration externalities in a general spatial equilibrium model of a single - sector monocentric industrial city[J]. Ecological Economics, 2002, 40(2):157 - 179.

[5]HOSOE M, NAITO T. Trans - boundary pollution transmission and regional agglomeration effects[J]. Papers in Regional Science, 2006, 85(1):99 - 120.

[6]ZENG D Z, ZHAO L. Pollution havens and industrial agglomeration[J]. Journal of Environmental Economics and Management, 2009, 58(2):141 - 153.

[7]张可,豆建民．集聚对环境污染的作用机制研究[J]．中国人口科学,2013(5):105 - 116,128.

[8]张可,汪东芳．经济集聚与环境污染的交互影响及空间溢出[J]．中国工业经济,2014(6):70 - 82.

[9]刘习平,盛三化．产业集聚对城市生态环境的影响和演变规律——基于2003—2013年数据的实证研究[J]．贵州财经大学学报,2016(5):90 - 100.

[10]CHENG Z. The spatial correlation and interaction between manufacturing

agglomeration and environmental pollution [J]. Ecological Indicators, 2016, 61: 1024 - 1032.

[11]杨柳青青. 产业格局、人口集聚、空间溢出与中国城市生态效率[D]. 武汉:华中科技大学,2017.

[12]HAN F, XIE R, FANG J, et al. The effects of urban agglomeration economies on carbon emissions: evidence from Chinese cities[J]. Journal of Cleaner Production, 2018, 172:1096 - 1110.

[13]张治栋,秦淑悦. 产业集聚对城市绿色效率的影响——以长江经济带108个城市为例[J]. 城市问题,2018(7):48 - 54.

[14]LIU Y, SONG Y, ARP H P. Examination of the relationship between urban form and urban eco - efficiency in China[J]. Habitat International, 2012, 36(1): 171 - 177.

[15]魏海涛,刘玲. 基于数据包络分析方法的城市生态效率研究[J]. 区域经济评论,2016(4):152 - 160.

[16]李佳佳,罗能生. 城市规模对生态效率的影响及区域差异分析[J]. 中国人口·资源与环境,2016,26(2):129 - 136.

[17]BAI Y, DENG X, JIANG S, et al. Exploring the relationship between urbanization and urban eco - efficiency: evidence from prefecture - level cities in China [J]. Journal of Cleaner Production, 2018, 195:1487 - 1496.

[18]陆铭,冯皓. 集聚与减排:城市规模差距影响工业污染强度的经验研究[J]. 世界经济,2014,37(7):86 - 114.

[19]付云鹏,马树才,宋琪. 基于空间计量的人口规模、结构对环境的影响效应研究[J]. 经济经纬,2016,33(5):24 - 29.

[20]张淑平,韩立建,周伟奇,李伟峰. 城市规模对大气污染物 NO_2 和 PM2.5 浓度的影响[J]. 生态学报,2016,36(16):5049 - 5057.

[21]王星. 城市规模、经济增长与雾霾污染——基于省会城市面板数据的实证研究[J]. 华东经济管理,2016,30(7):86 - 92.

[22]马素琳,韩君,杨肃昌. 城市规模、集聚与空气质量[J]. 中国人口·资源与环境,2016,26(5):12 - 21.

[23]李泉,马黄龙. 人口集聚及外商直接投资对环境污染的影响——以中国39个城市为例[J]. 城市问题,2017(12):56-64.

[24]郑怡林,陆铭. 大城市更不环保吗?——基于规模效应与同群效应的分析[J]. 复旦学报(社会科学版),2018,60(1):133-144.

[25]邓翔,张卫. 大城市加重地区环境污染了吗?[J]. 北京理工大学学报(社会科学版),2018,20(1):36-44.

[26]吴福象,刘志彪. 城市化群落驱动经济增长的机制研究——来自长三角16个城市的经验证据[J]. 经济研究,2008,43(11):126-136.

[27]余静文,王春超. 城市圈驱动区域经济增长的内在机制分析——以京津冀、长三角和珠三角城市圈为例[J]. 经济评论,2011(1):69-78,126.

[28]魏守华,李婷,汤丹宁. 双重集聚外部性与中国城市群经济发展[J]. 经济管理,2013,35(9):30-40.

[29]GARCIA-LóPEZ M À, MUñIZ I. Urban spatial structure, agglomeration economies, and economic growth in Barcelona: An intra-metropolitan perspective [J]. Papers in Regional Science, 2013, 92(3):515-534.

[30]KANEMOTO Y. Second-best cost-benefit analysis in monopolistic competition models of urban agglomeration[J]. Journal of Urban Economics, 2013, 76: 83-92.

[31]DONG M, ZOU B, PU Q, et al. Spatial pattern evolution and casual analysis of county level economy in Changsha-Zhuzhou-Xiangtan urban agglomeration, China[J]. Chinese Geographical Science, 2014, 24(5):620-630.

[32]吴俊,杨青. 长三角扩容与经济一体化边界效应研究[J]. 当代财经,2015(7):86-97.

[33]原倩. 城市群是否能够促进城市发展[J]. 世界经济,2016,39(9):99-123.

[34]郭进,徐盈之,王美昌. 金融外部性、技术外部性与中国城市群建设[J]. 经济学动态,2016(6):74-84.

[35]王晓红. 长三角城市群形成与扩展的效率研究[D]. 南京:南京师范大学,2016.

[36]刘乃全,吴友. 长三角扩容能促进区域经济共同增长吗[J]. 中国工业经济,2017(6):79 - 97.

[37]张学良,李培鑫,李丽霞. 政府合作、市场整合与城市群经济绩效——基于长三角城市经济协调会的实证检验[J]. 经济学(季刊),2017,16(4):1563 - 1582.

[38]VENERI P. Urban spatial structure in OECD cities: Is urban population decentralising or clustering? [J]. Papers in Regional Science, 2018, 97(4): 1355 - 1374.

[39]付丽娜,陈晓红,冷智花. 基于超效率 DEA 模型的城市群生态效率研究——以长株潭"3 +5"城市群为例[J]. 中国人口·资源与环境,2013,23(4):169 - 175.

[40]马勇,刘军. 长江中游城市群产业生态化效率研究[J]. 经济地理,2015,35(6):124 - 129.

[41]黄志红. 长江中游城市群生态文明建设评价研究[D]. 中国地质大学,2016.

[42]ZHANG Y, LI Y, ZHENG H. Ecological network analysis of energy metabolism in the Beijing - Tianjin - Hebei (Jing - Jin - Ji) urban agglomeration [J]. Ecological Modelling, 2017, 351:51 - 62.

[43]WANG Y, LIU H, MAO G, et al. Inter - regional and sectoral linkage analysis of air pollution in Beijing - Tianjin - Hebei (Jing - Jin - Ji) urban agglomeration of China[J]. Journal of Cleaner Production, 2017, 165:1436 - 1444.

[44]任宇飞,方创琳. 京津冀城市群县域尺度生态效率评价及空间格局分析[J]. 地理科学进展,2017,36(1):87 - 98.

[45]陆砚池,方世明. 基于 SBM - DEA 和 Malmquist 模型的武汉城市圈城市建设用地生态效率时空演变及其影响因素分析[J]. 长江流域资源与环境,2017,26(10):1575 - 1586.

[46]董小君,石涛. 中原城市群绿色发展效率与影响要素[J]. 区域经济评论,2018(5):116 - 122.

[47]罗能生,王玉泽,彭郁,等. 长江中游城市群生态效率的空间关系及其

协同提升机制研究[J]. 长江流域资源与环境,2018,27(7):1444 - 1453.

[48]WANG S, WANG J, FANG C, et al. Estimating the impacts of urban form on CO2 emission efficiency in the Pearl River Delta, China[J]. Cities, 2018,85: 117 - 129.

[49]毕斗斗,王凯,王龙杰,等. 长三角城市群产业生态效率及其时空跃迁特征[J]. 经济地理,2018,38(1):166 - 173.

[50]张庆民,王海燕,欧阳俊. 基于 DEA 的城市群环境投入产出效率测度研究[J]. 中国人口·资源与环境,2011,21(2):18 - 23.

[51]周虹,喻思齐. 基于 DEA 法的城市圈生态效率对比研究——以长株潭城市群和武汉城市圈为例[J]. 区域经济评论,2014(5):146 - 150.

[52]李琳,刘莹. 中三角城市群与长三角城市群绿色效率的动态评估与比较[J]. 江西财经大学学报,2015(3):3 - 12.

[53]张建升. 我国主要城市群环境绩效差异及其成因研究[J]. 经济体制改革,2016(1):57 - 62.

[54]TAO F, ZHANG H, XIA X. Decomposed sources of green productivity growth for three major urban agglomerations in China[J]. Energy Procedia, 2016, 104: 481 - 486.

[55]任宇飞,方创琳,蔺雪芹. 中国东部沿海地区四大城市群生态效率评价[J]. 地理学报,2017,72(11):2047 - 2063.

[56]李平. 环境技术效率、绿色生产率与可持续发展:长三角与珠三角城市群的比较[J]. 数量经济技术经济研究,2017,34(11):3 - 23.

[57]刘云强,权泉,朱佳玲,等. 绿色技术创新、产业集聚与生态效率——以长江经济带城市群为例[J]. 长江流域资源与环境,2018(11):2395 - 2406.

[58]LIU B, TIAN C, LI Y, et al. Research on the effects of urbanization on carbon emissions efficiency of urban agglomerations in China[J]. Journal of Cleaner Production, 2018, 197:1374 - 1381.

[59]闫小培,林彰平. 20 世纪 90 年代中国城市发展空间差异变动分析[J]. 地理学报,2004(3):437 - 445.

[60]魏后凯, 成艾华. 加快推动长江中游城市集群多极协同、一体发展

[J]. 政策, 2012(4):49 - 52.

[61]秦尊文. 推动长江中游城市集群建设上升为国家战略[J]. 政策,2012(8):46 - 49.

[62]赵秀清,白永平,白永亮. 长江中游城市集群经济增长与区域协调发展[J]. 城市发展研究,2016,23(12):15 - 18.

[63]宋家泰. 城市—区域与城市区域调查研究——城市发展的区域经济基础调查研究[J]. 地理学报,1980(4):277 - 287.

[64]周一星,杨齐. 我国城镇等级体系变动的回顾及其省区地域类型[J]. 地理学报,1986(2):97 - 111.

[65]宋家泰,顾朝林. 城镇体系规划的理论与方法初探[J]. 地理学报,1988(2):97 - 107.

[66]顾朝林. 城市经济区理论与应用[M]. 长春:吉林科学技术出版社,1991.

[67]顾朝林. 中国城镇体系——历史·现状·展望[M]. 北京:商务印书馆,1992.

[68]姚士谋,等. 中国的城市群[M]. 合肥:中国科学技术大学出版社,1992.

[69]吴传清,李浩. 关于中国城市群发展问题的探讨[J]. 经济前沿,2003(Z1):29 - 31.

[70]苗长虹,王海江. 中国城市群发展态势分析[J]. 城市发展研究,2005(4):11 - 14.

[71]方创琳,宋吉涛,张蔷,等. 中国城市群结构体系的组成与空间分异格局[J]. 地理学报,2005(5):827 - 840.

[72]肖金成. 我国城市群的发展阶段与十大城市群的功能定位[J]. 改革,2009(9):5 - 23.

[73]方创琳. 城市群空间范围识别标准的研究进展与基本判断[J]. 城市规划学刊,2009(4):1 - 6.

[74]FANG C, YU D. Urban agglomeration: an evolving concept of an emerging phenomenon[J]. Landscape & Urban Planning, 2017, 162:126 - 136.

[75]宁越敏,张凡. 关于城市群研究的几个问题[J]. 城市规划学刊, 2012(1):48 - 53.

[76]张倩,胡云锋,刘纪远,等. 基于交通、人口和经济的中国城市群识别[J]. 地理学报, 2011, 66(6):761 - 770.

[77]江曼琦. 对城市群及其相关概念的重新认识[J]. 城市发展研究, 2013, 20(5):30 - 35.

[78]黄金川,刘倩倩,陈明. 基于GIS的中国城市群发育格局识别研究[J]. 城市规划学刊, 2014(3):37 - 42.

[79]大卫·皮尔斯. 绿色经济的蓝图[M]. 何晓军,译. 北京:北京师范大学出版社,1996.

[80]SCHALTEGGER S, STURM A. Ökologische rationalitat [J]. Die Unternehmung, 1990, 4:273 - 290.

[81]SCHMIDHEINY S. Changing course: a global business perspective on development and the environment [M]. Cambridge: MIT Press, 1992.

[82]HELLWEG S, DOKA G, FINNVEDEN G, et al. Assessing the eco - efficiency of end - of - pipe technologies with the environmental cost efficiency indicator [J]. Journal of Industrial Ecology, 2005, 9(4):189 - 203.

[83]SCHOLZ R W, WIEK A. Operational Eco - efficiency: comparing firms' environmental investments in different domains of operation[J]. Journal of Industrial Ecology, 2005, 9(4):155 - 170.

[84]诸大建,朱远. 生态效率和循环经济[J]. 复旦学报(社会科学版), 2005(2): 60 - 66.

[85]HUANG J, YANG X, CHENG G, et al. A comprehensive eco - efficiency model and dynamics of regional eco - efficiency in China[J]. Journal of Cleaner Production, 2014, 67:228 - 238.

[86]成金华,孙琼,郭明晶,等. 中国生态效率的区域差异及动态演化研究[J]. 中国人口·资源与环境, 2014, 24(1):47 - 54.

[87]BELTRáN E M, REIG M E, ESTRUCH G V. Assessing eco - efficiency: a metafrontier directional distance function approach using life cycle analysis[J]. Envi-

ronmental Impact Assessment Review, 2017, 63:116 – 127.

[88]PORTNOV B A, ERELL E, BIVAND R, et al. Investigating the effect of clustering of the urban field on sustainable population growth of centrally located and peripheral towns[J]. International Journal of Population Geography, 2000, 6(2): 133 – 154.

[89]FORSTALL R L, GREENE R P, PICK J B. Which are the largest? Why lists of major urban areas vary so greatly[J]. Tijdschrift Voor Economische En Sociale Geografie, 2009, 100(3):277 – 297.

[90]BERTINELLI L, BLACK D. Urbanization and growth [J]. Journal of Urban Economics, 2004, 56(1):80 – 96.

[91]范欣,宋冬林,赵新宇. 基础设施建设打破了国内市场分割吗?[J]. 经济研究,2017,52(2):20 – 34.

[92]张可. 区域一体化有利于减排吗?[J]. 金融研究,2018(1):67 – 83.

[93]LUCAS R E. On the mechanics of economic development[J]. Journal of Monetary Economics. 1988, 22(1):3 – 42.

[94]柯善咨,郭素梅. 中国市场一体化与区域经济增长互动:1995—2007年[J]. 数量经济技术经济研究,2010,27(5):62 – 72,87.

[95]陆铭,陈钊,严冀. 收益递增、发展战略与区域经济的分割[J]. 经济研究, 2004(1):54 – 63.

[96]陈敏,桂琦寒,陆铭,等. 中国经济增长如何持续发挥规模效应?——经济开放与国内商品市场分割的实证研究[J]. 经济学(季刊), 2008,7(1): 125 – 150.

[97]谢姗,汪卢俊. 转移支付促进区域市场整合了吗?——以京津冀为例[J]. 财经研究, 2015, 41(10):31 – 44.

[98]AKAI N, SUHARA M. Strategic Interaction among local governments in Japan: an application to cultural expenditure [J]. The Japanese Economic Review, 2013, 64(2):232 – 247.

[99]贺达,顾江. 地方政府文化财政支出竞争与空间溢出效应——基于空间计量模型的实证研究[J]. 财经论丛,2018(6):12 – 23.

[100]戴宏伟,张斯琴. 公共支出的空间溢出效应对城市效率的影响——以京津冀蒙为例[J]. 中央财经大学学报, 2018(6):119 - 128.

[101]宋丽颖,张伟亮. 财政支出对经济增长空间溢出效应研究[J]. 财政研究,2018(3):31 - 41.

[102]郝宏杰. 财政支出、空间溢出效应与服务业增长——基于中心城市数据的空间杜宾模型分析[J]. 上海财经大学学报(哲学社会科学版), 2017(4):79 - 92.

[103]DONG B, GONG J, ZHAO X. FDI and environmental regulation: pollution haven or a race to the top? [J]. Journal of Regulatory Economics, 2012, 41(2):216 - 237.

[104]邓玉萍,许和连. 外商直接投资、地方政府竞争与环境污染——基于财政分权视角的经验研究[J]. 中国人口·资源与环境,2013,23(7):155 - 163.

[105]赵树宽,石涛,鞠晓伟. 区际市场分割对区域产业竞争力的作用机理分析[J]. 管理世界,2008(6):176 - 177.

[106]COPELAND B R, TAYLOR M S. North - South trade and the environment[J]. The Quarterly Journal of Economics, 1994, 109(3):755 - 787.

[107]豆建民,崔书会. 国内市场一体化促进了污染产业转移吗? [J]. 产业经济研究, 2018, 95(4):80 - 91.

[108]孙军. 地区市场潜能、出口开放与我国工业集聚效应研究[J]. 数量经济技术经济研究, 2009(7):47 - 60.

[109]MULATU A, GERLAGH R, RIGBY D, et al. Environmental regulation and industry location in Europe[J]. Environmental and Resource Economics, 2010, 45(4): 459 - 479.

[110]LEFEBVRE H, NICHOLSON - SMITH D. The production of space[M]. Blackwell: Oxford, 1991.

[111]陈建军,陈菁菁,黄洁. 空间结构调整:以加快城镇化进程带动产业结构优化升级[J]. 广东社会科学,2009(4):13 - 20.

[112]黄建欢. 区域异质性、生态效率与绿色发展[M]. 北京:中国社会科学出版社,2016.

[113]GLAESER E L, KALLAL H D, SCHEINKMAN J A, et al. Growth in cities[J]. Journal of Political Economy, 1992, 100(6):1126 – 1152.

[114]FELDMAN M P, AUDRETSCH D B. Innovation in cities: Science – based diversity, specialization and localized competition[J]. European Economic Review, 1999, 43(2):409 – 429.

[115]李学鑫,苗长虹. 多样性、创造力与城市增长[J]. 人文地理, 2009, 24(2):7 – 11.

[116]刘伟,张辉,黄泽华. 中国产业结构高度与工业化进程和地区差异的考察[J]. 经济学动态,2008(11):4 – 8.

[117]张辉. 我国产业结构高度化下的产业驱动机制[J]. 经济学动态, 2015(12):12 – 21.

[118]干春晖,郑若谷,余典范. 中国产业结构变迁对经济增长和波动的影响[J]. 经济研究,2011,46(5):4 – 16,31.

[119]Ó HUALLACHáIN B, LEE D S. Technological specialization and variety in urban invention[J]. Regional Studies, 2011, 45(1):67 – 88.

[120]李琳,韩宝龙. 地理与认知邻近对高技术产业集群创新影响——以我国软件产业集群为典型案例[J]. 地理研究,2011,30(9):1592 – 1605.

[121]李琳. 多维邻近性与产业集群创新[M]. 北京:北京大学出版社, 2014.

[122]焦勇. 生产要素地理集聚会影响产业结构变迁吗[J]. 统计研究, 2015,32(8):54 – 61.

[123]CICCONE A, HALL R E. Productivity and the density of economic activity[J]. American Economic Review, 1996, 86(1):54 – 70.

[124]黄菁. 环境污染、人力资本与内生经济增长:一个简单的模型[J]. 南方经济,2009(4):3 – 11,67.

[125]罗能生,李佳佳,罗富政. 中国城镇化进程与区域生态效率关系的实证研究[J]. 中国人口·资源与环境,2013,23(11):53 – 60.

[126]罗能生,张梦迪. 人口规模、消费结构和环境效率[J]. 人口研究, 2017,41(3):38 – 52.

[127]王家庭,赵丽,冯树,赵运杰. 城市蔓延的表现及其对生态环境的影响[J]. 城市问题,2014(5):22-27.

[128]陈诗一,陈登科. 雾霾污染、政府治理与经济高质量发展[J]. 经济研究,2018,53(2):20-34.

[129]HENDERSON V, KUNCORO A, TURNER M. Industrial development in cities[J]. Journal of Political Economy, 1995, 103(5):1067-1090.

[130]FRITSCH M, SLAVTCHEV V. How does industry specialization affect the efficiency of regional innovation systems? [J]. The Annals of Regional Science, 2010, 45(1): 87-108.

[131]HENDERSON V. Externalities and industrial development[J]. Journal of Urban Economics, 1997, 42(3):449-470.

[132]沈能. 工业集聚能改善环境效率吗? ——基于中国城市数据的空间非线性检验[J]. 管理工程学报, 2014, 28(3):57-63.

[133]HANSEN N. Impacts of small - and intermediate - sized cities on population distribution: Issues and responses[J]. Regional Development Dialogue, 1990,11(1):60.

[134]PHELPS N A, OZAWA T. Contrasts in agglomeration: Proto - industrial, industrial and post - industrial forms compared[J]. Progress in Human Geography, 2003,27(5):583-604.

[135]DURANTON G, PUGA D. Micro - foundations of urban agglomeration economies[J]. Handbook of regional and Urban Economics,2004(4):2063-2117.

[136]方创琳. 中国城市群研究取得的重要进展与未来发展方向[J]. 地理学报, 2014, 69(8):1130-1144.

[137]CAIADO R G G, DIAS R D F, MATTOS L V, et al. Towards sustainable development through the perspective of eco - efficiency: A systematic literature review [J]. Journal of Cleaner Production, 2017, 165(9):890-904.

[138]HANSON G H. Market potential, increasing returns and geographic concentration[J]. Journal of international economics, 2005, 67(1):1-24.

[139]许政,陈钊,陆铭. 中国城市体系的"中心—外围模式"[J]. 世界经

济,2010,33(7):144 - 160.

[140]SOHN J. Does city location determine urban population growth? The case of small and medium cities in Korea[J]. Tijdschrift Voor Economische en sociale geografie, 2012, 103(3):276 - 292.

[141]NAVARRO - AZORíN J M, ARTAL - TUR A. How much does urban location matter for growth? [J]. European Planning Studies, 2017(2):1 - 16.

[142]AU C C, HENDERSON J V. Are Chinese cities too small? [J]. The Review of Economic Studies, 2006, 73(3):549 - 576.

[143]王小鲁. 中国城市化路径与城市规模的经济学分析[J]. 经济研究, 2010(10): 20 - 32.

[144]CAPELLO R. Recent theoretical paradigms in urban growth[J]. European Planning Studies, 2013, 21(3):316 - 333.

[145]柯善咨,赵曜. 产业结构, 城市规模与中国城市生产率[J]. 经济研究, 2014(4):76 - 88.

[146]杨曦. 城市规模与城镇化、农民工市民化的经济效应——基于城市生产率与宜居度差异的定量分析[J]. 经济学(季刊),2017,16(4):1601 - 1620.

[147]PORTNOV B A, ERELL E. Clustering of the urban field as a precondition for sustainable population growth in peripheral areas: the case of Israel[J]. Review of Urban & Regional Development Studies, 1998, 10(2):123 - 141.

[148]PORTNOV B A, ADHIKARI M, SCHWARTZ M. Urban Growth in Nepal: Does Location Matter? [J]. Urban Studies, 2007, 44(5):915 - 937.

[149]PORTNOV B A, SCHWARTZ M. Urban clusters as growth foci[J]. Journal of Regional Science, 2009, 49(2):287 - 310.

[150]REIS J P, SILVA E A, PINHO P. Spatial metrics to study urban patterns in growing and shrinking cities[J]. Urban Geography, 2016, 37(2):246 - 271.

[151]王兵,吴延瑞,颜鹏飞. 中国区域环境效率与环境全要素生产率增长[J]. 经济研究, 2010(5):95 - 109.

[152]ZHANG N, KONG F, YU Y. Measuring ecological total - factor energy efficiency incorporating regional heterogeneities in China[J]. Ecological Indicators,

2015, 51:165 - 172.

[153]LI J, LIN B. Ecological total - factor energy efficiency of China's heavy and light industries: Which performs better? [J]. Renewable & Sustainable Energy Reviews, 2017, 72:83 - 94.

[154]WURSTHORN S, POGANIETZ WR, SCHEBEK L. Economic - environmental monitoring indicators for European countries: A disaggregated sector - based approach for monitoring eco - efficiency[J]. Ecological Economics, 2011,70(3): 487 - 496.

[155]CHANG YT, ZHANG N, DANAO D, et al. Environmental efficiency analysis of transportation system in China: A non - radial DEA approach[J]. Energy Policy, 2013,58:277 - 283.

[156]LIU X H, CHU J F, YIN P Z, et al. DEA cross - efficiency evaluation considering undesirable output and ranking priority: A case study of eco - efficiency analysis of coal - fired power plants[J]. Journal of Cleaner Production, 2017,142: 877 - 885.

[157]ANDERSEN P, PETERSEN N C. A Procedure for Ranking Efficient Units in Data Envelopment Analysis [J]. Management Science, 1993, 39 (10): 1261 - 1264.

[158]TONE K. A slacks - based measure of super - efficiency in data envelopment analysis[J]. European Journal of Operational Research, 2002, 143(1):32 - 41.

[159]HUANG J, XIA J, YU Y, et al. Composite eco - efficiency indicators for China based on data envelopment analysis[J]. Ecological Indicators,2018,85(2): 674 - 697.

[160]BATTESE G E, RAO D P, O'DONNELL C J. A metafrontier production function for estimation of technical efficiencies and technology gaps for firms operating under different technologies[J]. Journal of Productivity Analysis, 2004,21(1):91 - 103.

[161]LI J, LIN B. Green economy performance and green productivity growth in China's cities: Measures and policy implication[J]. Sustainability, 2016, 8.

[162]LI B, WU S. Effects of local and civil environmental regulation on green total factor productivity in China: A spatial Durbin econometric analysis[J]. Journal of Cleaner Production, 2017,153(6):342 - 353.

[163]宋马林,王舒鸿. 环境规制、技术进步与经济增长[J]. 经济研究, 2013(3):122 - 134.

[164]HUANGY, LI L, YU Y T. Does urban cluster promote the increase of urban eco - efficiency? Evidence from Chinese cities[J]. Journal of Cleaner Production, 2018,197(1):957 - 971.

[165]单豪杰. 中国资本存量K的再估算:1952—2006年[J]. 数量经济技术经济研究, 2008(10):17 - 31.

[166]崔娜娜,冯长春,宋煜. 北京市居住用地出让价格的空间格局及影响因素[J]. 地理学报,2017,72(6):1049 - 1062.

[167]HALKOS G E, PAIZANOS E A. The effect of government expenditure on the environment: An empirical investigation[J]. Ecological Economics, 2013,91: 48 - 56.

[168]ZHANG Q X, ZHANG S L, DING Z Y, et al. Does government expenditure affect environmental quality? Empirical evidence using Chinese city - level data [J]. Journal of Cleaner Production, 2017,161:143 - 152.

[169]寇宗来,刘学悦. 中国城市和产业创新力报告[R]. 2017.

[170]CAMPIGLIO E. Beyond carbon pricing: the role of banking and monetary policy in financing the transition to a low - carbon economy[J]. Ecological Economics, 2015, 121(12):220 - 230.

[171]WANG Y, ZHI Q. The ROLE OF GREEN FINANCE IN ENVIRONMENTAL PROTECTION: TWO ASPECTS OF MARKET MECHANISM AND POLICIES [J]. Energy Procedia, 2016,104:311 - 316.

[172]许和连,邓玉萍. 外商直接投资导致了中国的环境污染吗? [J]. 管理世界, 2012(2):30 - 43.

[173]NEWMAN C, RAND J, TALBOT T, et al. Technology transfers, foreign investment and productivity spillovers[J]. European Economic Review, 2015, 76:

168 – 187.

[174]GOLDAR B, BANERJEE N. Impact of informal regulation of pollution on water quality in rivers in India[J]. Journal of Environmental Management, 2004, 73(2):117 – 130.

[175]BLACKMAN A, KILDEGAARD A. Clean technological change in developing – country industrial clusters: Mexican leather tanning[J]. Environmental Economics & Policy Studies, 2010, 12(3):115 – 132.

[176]李胜兰,初善冰,申晨. 地方政府竞争、环境规制与区域生态效率[J]. 世界经济, 2014(4):88 – 110.

[177]VAN BEERS C, VAN DEN BERGH J C J M. An empirical multi – country analysis of the impact of environmental regulations on foreign trade flows[J]. Kyklos, 1997, 50(1):29 – 46.

[178]EDERINGTON J, LEVINSON A, MINIER J. Footloose and Pollution – Free[J]. Review of Economics & Statistics, 2005, 87(1):92 – 99.

[179]COLE M A, ELLIOTT R J R, OKUBO T. Trade, environmental regulations and industrial mobility: An industry – level study of Japan[J]. Discussion Paper, 2010, 69(10):1995 – 2002.

[180]陈乐,李郇,姚尧,等. 人口集聚对中国城市经济增长的影响分析[J]. 地理学报,2018,73(6):1107 – 1120.

[181]肖周燕,沈左次. 人口集聚、产业集聚与环境污染的时空演化及关联性分析[J]. 干旱区资源与环境,2019,33(2):1 – 8.

[182]林伯强,杜克锐. 要素市场扭曲对能源效率的影响[J]. 经济研究, 2013(9): 125 – 136.

[183]陈强. 高级计量经济学及 Stata 应用[M]. 北京:高等教育出版社, 2014.

[184]MEINSHAUSEN M, MEINSHAUSEN N, HARE W, et al. Greenhouse – gas emission targets for limiting global warming to 2C[J]. Nature, 2009,458: 1158 – 1162.

[185]NAKAMURA H, KATO T. Climate change mitigation in developing coun-

tries through interregional collaboration by local governments: Japanese citizens' preference[J]. Energy Policy, 2011,39:4337 - 4348.

[186]OU J, LIU X, LI X, et al. Quantifying the relationship between urban forms and carbon emissions using panel data analysis[J]. Landscape Ecological, 2013,28:1889 - 1907.

[187]XIE Y, WENG Q. Detecting urban - scale dynamics of electricity consumption at Chinese cities using time - series DMSP - OLS (Defense Meteorological Satellite Program - Operational Linescan System) nighttime light imageries[J]. Energy, 2016,100:177 - 189.

[188]BAKHTYAR B, IBRAHIM Y, ALGHOUL M A, et al. Estimating the CO2 abatement cost: Substitute price of avoiding CO2 emission (SPAE) by renewable energy's feed in tariff in selected countries[J]. Renewable & Sustainable Energy Reviews,2014,35:205 - 210.

[189]GöKMENOĞLU K, TASPINAR N. The relationship between CO2 emissions, energy consumption, economic growth and FDI: the case of Turkey[J]. Journal of International Trade & Economic Development, 2016,25:706 - 723.

[190]LI H, LU Y, ZHANG J, et al. Trends in road freight transportation carbon dioxide emissions and policies in China[J]. Energy Policy, 2013, 57:99 - 106.

[191]吴建新,郭智勇. 基于连续性动态分布方法的中国碳排放收敛分析[J]. 统计研究,2016,33(1):54 - 60.

[192]ALONSO W. Urban zero population growth[J]. Daedalus, 1973,109(4):191 - 206.

[193]PHELPS N A, FALLON R J, WILLIAMS C L. Small firms, borrowed size and the urban - rural shift[J]. Regional Studies, 2001, 35(7):613 - 624.

[194]PHELPS N A. Clusters, dispersion and the spaces in between: for an economic geography of the Banal[J]. Urban Studies, 2004,41(5 - 6):971 - 989.

[195]周愚,皮建才. 区域市场分割与融合的环境效应:基于跨界污染的视角[J]. 财经科学, 2013(4):101 - 110.

[196]魏楚,郑新业. 能源效率提升的新视角——基于市场分割的检验

[J]. 中国社会科学, 2017(10):90 - 111.

[197]孙博文. 市场一体化是否有助于降低污染排放?——基于长江经济带城市面板数据的实证分析[J]. 环境经济研究, 2018, 3(1):37 - 56.

[198]刘易昂,赖德胜. 基于引力模型的我国产品市场分割因素研究——来自省际铁路货运贸易的面板数据[J]. 经济经纬,2016,33(1):132 - 137.

[199]郑毓盛,李崇高. 中国地方分割的效率损失[J]. 中国社会科学,2003(1):64 - 72.

[200]白重恩,杜颖娟,陶志刚,等. 地方保护主义及产业地区集中度的决定因素和变动趋势[J]. 经济研究, 2004(4):29 - 40.

[201]盛斌,毛其淋. 贸易开放、国内市场一体化与中国省际经济增长:1985—2008 年[J]. 世界经济, 2011(11):44 - 66.

[202]桂琦寒,陈敏,陆铭,等. 中国国内商品市场趋于分割还是整合:基于相对价格法的分析[J]. 世界经济, 2006(2):20 - 30.

[203]王良健,李辉,石川. 中国城市土地利用效率及其溢出效应与影响因素[J]. 地理学报, 2015, 70(11):1788 - 1799.

[204]温忠麟,张雷,侯杰泰,等. 中介效应检验程序及其应用[J]. 心理学报, 2004, 36(5):614 - 620.

[205]赵玉奇. 国内市场整合、空间互动与区域协调发展[D]. 长沙:湖南大学,2017.

[206]江曼琦,谢姗. 京津冀地区市场分割与整合的时空演化[J]. 南开学报(哲学社会科学版), 2015(1):97 - 109.

[207]陈甬军,丛子薇. 更好发挥政府在区域市场一体化中的作用[J]. 财贸经济,2017,38(2):5 - 19.

[208]赵奇伟. 东道国制度安排、市场分割与 FDI 溢出效应:来自中国的证据[J]. 经济学(季刊), 2009, 8(3):891 - 924.

[209]林毅夫,苏剑. 论我国经济增长方式的转换[J]. 管理世界, 2007(11):5 - 13.

[210]林毅夫,孙希芳,姜烨. 经济发展中的最优金融结构理论初探[J]. 经济研究, 2009(8):45 - 49.

[211]李虹,邹庆．环境规制、资源禀赋与城市产业转型研究——基于资源型城市与非资源型城市的对比分析[J]．经济研究,2018,53(11):182－198.

[212]袁航,朱承亮．国家高新区推动了中国产业结构转型升级吗[J]．中国工业经济,2018(8):60－77.

[213]刘胜,顾乃华．行政垄断、生产性服务业集聚与城市工业污染——来自260个地级及以上城市的经验证据[J]．财经研究,2015,41(11):95－107.

[214]MARTIN H, HANS L. Agglomeration and productivity: evidence from firm－level data[J]. Annals of Regional Science, 2011, 46(3):601－620.

[215]刘修岩．空间效率与区域平衡:对中国省级层面集聚效应的检验[J]. 世界经济,2014,37(1):55－80.

[216]邵帅,张可,豆建民．经济集聚的节能减排效应:理论与中国经验[J]. 管理世界,2019,35(1):36－60,226.

[217]王建明．资源节约意识对资源节约行为的影响——中国文化背景下一个交互效应和调节效应模型[J]．管理世界, 2013(8):77－90.

[218]王智勇．人口集聚与区域经济增长——对威廉姆森假说的一个检验[J]．南京社会科学, 2018(3):60－69.

[219]INGSTRUP M B, DAMGAARD T. Cluster facilitation from a cluster life cycle perspective[J]. European Planning Studies, 2013, 21(4):556－574.

[220]张可．经济集聚的减排效应:基于空间经济学视角的解释[J]．产业经济研究, 2018,94(3):68－80.

[221]方创琳,周成虎,王振波．长江经济带城市群可持续发展战略问题与分级梯度发展重点[J]．地理科学进展, 2015, 34(11):1398－1408.

[222]SUN C, CHEN L, TIAN Y. Study on the urban state carrying capacity for unbalanced sustainable development regions: Evidence from the Yangtze River Economic Belt[J]. Ecological Indicators, 2018, 89:150－158.

[223]TIAN Y, SUN C. A spatial differentiation study on comprehensive carrying capacity of the urban agglomeration in the Yangtze River Economic Belt[J]. Regional Science and Urban Economics, 2018, 68:11－22.

[224]李琳,张佳．长江经济带工业绿色发展水平差异及其分解——基于

2004—2013 年 108 个城市的比较研究[J]. 软科学,2016,30(11):48 - 53.

[225]LI L, LIU Y. Industrial green spatial pattern evolution of Yangtze River Economic Belt in China[J]. Chinese Geographical Science, 2017,27(4):660 - 672.

[226]吴传清,黄磊. 长江经济带工业绿色发展绩效评估及其协同效应研究[J]. 中国地质大学学报(社会科学版), 2018,18(3):46 - 55.

[227]吴传清,宋筱筱. 长江经济带城市绿色发展影响因素及效率评估[J]. 学习与实践,2018(4):5 - 13.

[228]汪克亮,孟祥瑞,程云鹤. 环境压力视角下区域生态效率测度及收敛性——以长江经济带为例[J]. 系统工程, 2016, 34(4):109 - 116.

[229]邢贞成,王济干,张婕. 长江经济带全要素生态绩效评价研究——基于非径向方向性距离函数[J]. 软科学, 2018, 32(7):102 - 106.

[230]CHEN N, XU L, CHEN Z. Environmental efficiency analysis of the Yangtze River Economic Zone using super efficiency data envelopment analysis (SEDEA) and Tobit models[J]. Energy, 2017, 134:659 - 671.

[231]李强,高楠. 长江经济带生态效率时空格局演化及影响因素研究[J]. 重庆大学学报(社会科学版), 2018, 24(3):29 - 37.

[232]陆大道. 建设经济带是经济发展布局的最佳选择——长江经济带经济发展的巨大潜力[J]. 地理科学, 2014, 34(7):769 - 772.

[233]柯善咨. 扩散与流:城市在中部崛起中的主导作用[J]. 管理世界, 2009(1):61 - 71.

后　记

本书源于当前中国城市群快速推进、资源环境约束加剧同时并存的背景下对城市群建设是否具有绿色增长效应的思考。笔者从一个全局的框架对中国城市集群化演进、城市生态效率的时空动态特征进行了测度与评价，上述工作是对当前中国城市集群与生态效率发展现状较为全面的展现。进一步地，本书还从结构优化、市场整合与要素集聚调节等多个维度探索了城市群是如何在动态演化过程中对城市生态效率产生影响的，较为深入地剖析了相关机理与实证。与此同时，笔者选取多个异质性样本和典型样本进行了新视角的探索，以期丰富本书内容。笔者期待这本书能够帮助读者更好地认知中国城市群建设道路与中国城市生态效率的演变特征、二者之间的关系以及如何推进中国城市群建设及提升生态效率；也期盼本书能够为相关研究和决策提供一些方法、理论参考和策略借鉴。囿于个人能力，书中疏漏之处在所难免，观点与论点由作者负责。

黄跃

2019 年 12 月